数学项目学习的源与流

王瑞霖　綦春霞　著

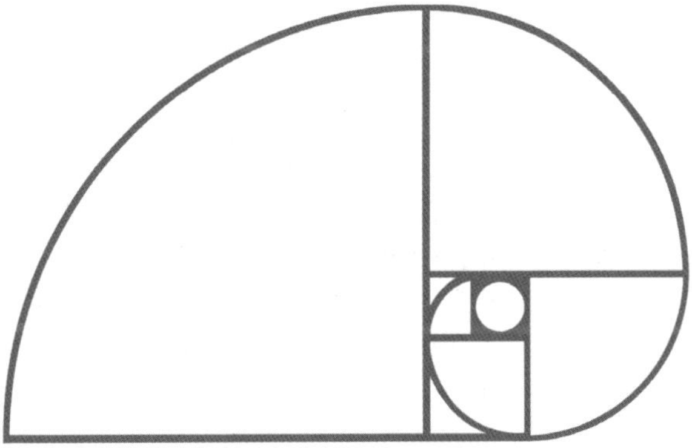

山西出版传媒集团　山西教育出版社
·太　原·

图书在版编目（CIP）数据

数学项目学习的源与流 / 王瑞霖，綦春霞著. — 太原：山西教育出版社，2024. 6
（项目学习进行时 / 蔡可主编）
ISBN 978-7-5703-0299-4

Ⅰ. ①数… Ⅱ. ①王… ②綦… Ⅲ. ①数学教学—教学研究 Ⅳ. ①01

中国版本图书馆 CIP 数据核字（2018）第 298061 号

数学项目学习的源与流
SHUXUE XIANGMU XUEXI DE YUAN YU LIU

策　　划　王　媛
责任编辑　霍　彪
复　　审　彭琼梅
终　　审　杨　文
装帧设计　王靖越
印装监制　蔡　洁

出版发行　山西出版传媒集团 · 山西教育出版社
（太原市水西门街馒头巷 7 号　电话：0351-4729801　邮编：030002）
印　　装　太原市长江孚来印刷制版有限公司
开　　本　720 mm×1020 mm　1/16
印　　张　18. 5
字　　数　232 千字
版　　次　2024 年 6 月第 1 版　2024 年 6 月山西第 1 次印刷
书　　号　ISBN 978-7-5703-0299-4
定　　价　65. 00 元

序

XU

随着课程教学改革的不断推进，以“做中学”、成果导向为特征的项目学习在许多地方备受关注。项目学习不只是教学方式方法的变化，更在于知识观的转型。项目作为开展学习的依托，聚焦学科大概念和学科整合，将点上的知识贯通起来，强调知识的完整性、系统性及其之间的联系。

修订后的新课标提出核心素养，注重个体在解决复杂的现实问题过程中表现出来的综合能力与情意态度。教学目标要求从掌握学科知识转向通过知识达到素质的养成；项目学习正是强调个体在解决真实复杂问题的能力的养成。

项目学习与知识的碎片化学习、“堂堂清”不同，更需要考虑的是知识点之间的联系与整合，课与课之间的衔接；与知识局部深入的应用不同，更需要考虑的是统整式的问题解决。教学重点要聚焦知识的迁移运用，教学进程设计要将核心知识融入典型任务中，引导问题解决。

在教学中要以学生为主体，引导学生自主学习、自动探究。一是教师要善于发现学生自主学习中解决不了的问题、典型的疑难问题，通过讲解、交流、深入研讨，解决问题；二是教学要启发和拓展学生的思维，引领学生进行思路整理，帮助学生迁移，并在实践过程中习得新知识。

“项目学习进行时”丛书的出版，把项目学习理念转化为具体的学科教学实践，为教师将项目学习运用在课堂教学中提供相应的专业建议，同时也给广大教育研究及实践工作者提供了更精准的指导与支持。希望本书问世后，有更多的教育工作者能尝试项目学习，为激发学生和教师的创造力提供更为广阔的空间！

2024 年 5 月

前 言

随着21世纪信息技术和“互联网+”的到来，新的技术和环境正在影响着人类的生活，也影响着人类的学习方式。世界各国纷纷提出了人才素养的要求。2014年教育部颁布了《关于全面深化课程改革、落实立德树人根本任务的意见》，提到了要发展学生的核心素养，落实立德树人的根本任务。高中新的数学课程标准中提到的六大数学学科素养，义务教育数学课程标准中的十个核心概念，都突出学生的主体地位，倡导学生独立思考、自主学习、合作交流等多种学习方式。那么学科核心素养如何落地？学生主动学习如何产生？如何在知识大爆炸时代，让学生学会选择有效信息，做出明智的决策，形成批判、质疑的能力和品质？等等，这些都是数学教育工作者亟待解决的中心议题。本书通过数学项目学习尝试找到解决上述问题的方法，为学生架起一座通往未来数学世界的桥梁。

项目学习（PBL）发源于20世纪中叶，20世纪90年代传入中国。21世纪初，随着新课程改革的实施，项目学习在部分学校得以开展，但数学学科开展相关实践的还不多。本书为开展数学项目学习提供了大量的典型案例，也为数学项目学习的理论研究提供了一定的参考。本书在写作过程中，力图体现以下几点：

一、数学是丰富多彩而富有魅力的

数学是什么？在大众眼里，数学可能是严谨的、冰冷的，其中充满了与现实无关的数学符号和图形。如果不是学校课程的要求，考试的需要，也许很多学生会选择放弃数学的学习。其实学数学，不是做习题、背公式，而是要领会数学的思想方法和精神实质。李大潜院士曾说过，“数学不仅是一种精确的语言和工具，而是一门博大精深并应用广泛的科学。”其实，学生在生活的方方面面都能体会到数学的存在。通过内置的、多面孔的数学，能够使学生走进数学、品味数学和理解数学，不断感受数学的魅力，体会数学的价值。布鲁纳提到“使学生对一门学科有兴趣的最好办法势必使之知道这门学科是值得学习的”。

二、学生的潜能是不可估量的

项目学习是一种教学方法、一种教育技术，更是一种教育理念。通过学生自主参与、探究，达到解决问题的目的，促进学生潜能的发挥和素养的形成。在项目学习的过程中，突出学生学习的主体地位，充分认识学生的潜能。传统的教学往往低估了学生的能力，以讲授的方法实现知识的传递，学生在学习过程中只能被动接受，缺乏学习的主动性和积极性。而项目学习则是从驱动问题开始，引导学生明确挑战之所在。通过一连串的领航，调动学生学习的主动性，引导他们进行探究。通过解决这些现实的、非常规的问题，激发学生更高层次的思维，从而发展其数学潜能，启迪其心智。

三、教师和学生应是学习共同体

在探究项目学习的过程中，教师和学生之间建立了各式各样的学习伙伴关系，形成了学习共同体。教师也是学习者，在项目学习过程中，学生会生成很多新的想法和创造的火花，教师已经不是知识的唯一载体，更不是知识的权威，而是教学环境的设计者、学习的引导者、学生的学习伙伴。尤其是随着信息技术的发展和互联网的普及，虚拟教学和技术工具与注重内容和教学的传统教育相结合。在项目学习中，涉及很多信息技术、现代科技和跨学科的内容，需要教师和学生共同学习、共同提高。不仅如此，通过项目学习，学生还可以学会与同伴合作，这也是21世纪技能所要求的能力之一——协作能力。

在本书中，我们可以看到这样的场景：教师与学生一起设计项目，探究问题，形成方案，完成作品。在这个过程中，学生所表现出来的坚持、执着、投入、激情、贡献、思考、合作、创新等都清晰可见。

四、典型案例打通理论和实践的壁垒

有的教师认为项目学习是一种深奥的教学模式。由于缺乏具体的操作技术和有效的测验方法，常常使得教师望而却步。本书力图体现数学项目学习可操作的流程和评价方法，因此，在呈现上选择大量生动的案例，使读者能够看到数学项目学习的“样子”，获得丰富的直观经验，为读者以后实施项目学习提供基础。同时，书中将项目学习的理论以集中和分散的方式呈现在各个章节中，使读者既可以了解数学项目学习的理论根基，又可以从案例中体会到项目学习的教学操作过程，从而将教学转变成以探究为基础、以学生为中心的模式，帮助学生从最根本、最深层的角度来理解数学的主题，把握数学的概念，学会用数学的思维去思考。

五、“一二三四五”架构项目体系

本书在项目设计中体现了“一中心、二主线、三支柱、四类型、五要素”的架构体例。在整体的设计中，以学生为中心，突出学生的主体地位；将数学核心知识、原理与任务驱动问题作为二主线，始终贯穿在项目中，明线是具体的任务链条，暗线是内置于任务情境中的数学逻辑链条；做中学、建构主义、数学再创造作为三大理论支柱；分为社会性项目、生活性项目、数学性项目和交叉性项目四种类型；驱动问题、领航问题、项目成果、学习方式和项目评价是五个关键要素。这些体现了数学项目学习的源与流。

本书以简洁明快的语言、生动有趣的案例，概括了在数学世界和现实世界之间往返的探索历程。全书栏目新颖、丰富，问题具有挑战性，很多小贴士既是启迪思维的风向标，也是进一步阅读和实践的导航仪，使读者身临其境，经历项目学习的过程，成为主动的学习者。

数学项目学习虽然起步比较晚，但确实是魅力无穷、前景广阔、特色鲜明的领域。真正实现理想状态的项目学习并非易事，需要建立数学与社会、生活及其他学科之间的联系。作为教师，需要有较强的社会实践能力、问题解决能力和深刻的数学思想。一方面，教师需要具备深厚的数学功底，能将最核心的数学概念和原理自然地嵌入项目中；另一方面，教师需要有工程思想、设计思想，实现数学与现实的真正融合。因此，数学项目学习的研究和实践探索都是艰辛的，需要我们突破传统数学的边界，延展数学的范围，学会与实践对话，领悟数学的真谛。

本书的写作得到了山西教育出版社的大力支持，特别感谢霍彪老师在编写过程中提供的诸多帮助！还要感谢多年来参与项目学习培训的各实验校的教师，你们的尝试为学生提供了广阔的空间，不但激发了学生的创造力，也激发了自己的创造力！欣喜的是已经有一些教师自由驰骋在数学项目学习的疆土上，也相信本书可以帮助更多的教师。

本书还有很多不足，尤其是数学项目学习的理论框架建构、实践案例的有效性等，有待进一步改进。我们会秉承不断探索、积极创新的理念，为学生规划闯荡世界的蓝图，为学生的成长助力加油！

目 录

第四章 数学项目学习反思 / 213

第一章

步入数学项目学习

第一章　步入数学项目学习

21世纪教育的发展趋势，虽一定根植于知识，但更着眼于能力发展。人们越来越强烈地感知到，掌握信息已经不是学习者学习的要点，具备能力对其未来发展更为重要。信息的检索与记忆侧重于对问题的初步理解与鉴别，具有静态性的特征；而问题解决能力和思考能力侧重于在问题中探索，具有动态性的特征。以知识为中心的教学往往以教师传递知识为特征，缺少学习者的主动建构；以能力为中心的教学不否定教师的讲授，但是更强调学生在学习情境中尽情地探索，深度理解数学，并尝试进行数学创新。

随着时代的发展，各种新的学习方式应运而生，其中包括“项目学习”。项目学习是一种很典型的发展学生能力的学习方式，驱动问题的设计可以由教师或者师生共同完成，此后师生一起经历项目学习全过程。学习的路径虽然是清晰的，但是探究的过程是开放的，教师在把握大方向的同时更关注学生的探究能力和创造能力的发展，知识的理解与运用。如果说传统的教学有比较程式化的教学过程，项目学习则可以在教学流程的大框架下灵活调整。如果说传统的教学易忽视过程性评价，项目学习则更关注学习过程，且最终的项目成果与学习过程的结合更紧密。

教师刚接触“项目学习”这个概念时，往往因其深奥的理论望而却步，最好的认知方式莫过于亲自去尝试！基于这样的思考，本书开篇未谈项目学习的概念和理论，而是首先设计了一个面向所有教师的项目。这个项目学习的场景是中国科学技术馆，需要探究的问题对于读者而言可能是陌生的，如此一来读者更容易进入学习者的角色体验项目学习。这个项目包括四个任务。整个逻辑脉络是学习者在中国科学技术馆进行数学学习，首先通过设计参观路径认识科学技术与数学的关联。然后进行实地参观，并布置任务单，通过任务单上的图片线索找到展品，分析其中与数学有关的知识。最后基于参观活动设计“密室逃脱”游戏，在游戏的设计中体现学习者对数学问题的理解。

如果你是数学教师，那么请以学习者的视角开始这个项目学习吧！在体验之中感受问题情境蕴含的广阔的探究空间，以及学习者在探究中所发挥的创造性。进一步阅读第二章和第三章时，也可以回到这个项目，反思项目学习的相关理论与实践。

本书中已经将一些数学项目学习点子发展为数学项目学习案例，你还可以从这些点子出发，产生更好的设计！

数学项目点子 1

研究密码是如何产生的，通过阅读密码理论的书籍试着创建自己的素数密码本。

设计中国科学技术馆中的数学闯关游戏

◆项目导语

中国科学技术馆有许多与科学技术有关的展品，其中专门设有数学之魅展区，里面呈现了各种生动的数学主题，非常有意思！

数学之魅展区以探索中的数学、生活中的数学和思维中的数学三个分主题展开，着重体现人类对数学的探索过程，以及在探索其他科学领域的过程中数学所起到的重要作用。同时，通过生动有趣的互动展项，让观众体会到数学并非枯燥难懂、高不可攀，它就在我们身边，不但帮助我们解决生活中的实际问题，而且能帮助我们以严谨的、逻辑化的方法去分析解决问题，它是人类思维的重要工具。

在本项目中，你将以数学教师的身份和学生一起参观中国科学技术馆，体验“数学之魅”展区的魅力，并在其展区发现更多的数学知识。

◆驱动问题

你能从中国科学技术馆多种展品中发现一线贯通的数学吗？

◆项目目标

1．在参观中国科学技术馆的活动中了解数学知识的源与流，激发对数学与科学的热爱。

2．体验如何设计中国科学技术馆中的数学游戏，加深对数学知识联系性的认识。

3．经历一个完整的数学项目学习过程，以学习者的身份理解数学项目学习。

◆项目成果

1．根据你们发现的中国科学技术馆中的数学，设计中国科学技术馆“密室逃脱”游戏，并组织学生进行这个游戏活动。

2．将开展这个项目学习的心得体会写成小论文。

任务一　发现中国科学技术馆中的数学

学习形式

在参观中国科学技术馆之前通过上网查阅资料获取相关信息，研讨问题。

你注意到了吗？除了数学之魅展区，在其他展区也隐藏着很多数学知识。

学习资料中提供了中国科学技术馆的场馆分布情况，请你们交流一下其中蕴含了哪些数学知识。

若用一整天的时间来参观，请设计你们的参观路线。

学习资料

1. 华夏之光展厅

该展厅位于地上一层，展示古代中国在采矿、冶金、农业机械、丝织等技术领域的创新发明，以及古代科学家在医学、天文学、算学、物理学等方面进行的探索与发现。展项共有150多个，包括体验空间、技术创新、世界文化交流、科学探索等展区。

体验空间展区设有木版水印、拓片体验。

技术创新展区展示古代桥梁、亭台楼阁、织布机、水车、磨坊等。

世界文化交流展区展示四大发明、瓷器、丝绸等。

科学探索展区展示古代计时工具、天文观测工具（水运仪象台）、地动仪等，并介绍岐黄之术。

2. 探索与发现展厅

该展厅位于地上二层，包括物质之妙、宇宙之奇、运动之律、电磁之奥、光影之绚、数学之魅、声音之韵、生命之谜等展区，共有166个展项、220件展品。

物质之妙展区介绍元素周期表（与门捷列夫对话）、微观粒子的组成，在此可以体验“神奇的拼图”。

宇宙之奇展区介绍宇宙漫步、恒星、行星、星座以及小行星运行轨迹模拟等。

运动之律展区设有惯性演示、曲线运动展示，在此可以体验“空中自行车”。

电磁之奥展区展示电力设施、发电厂、电磁感应等，在此可以体验“旋转的金蛋”。

光影之绚展区介绍光的探索、光彩世界、光影体验、光的应用。

数学之魅展区介绍椭圆轨迹、单面体，在此可以体验“双曲隧道”。

声音之韵展区介绍耳听为实，在此可以体验“声聚焦”。

生命之谜展区介绍生命起源、胚胎发育、人体成长与发育，在此可以体验“神奇隧道”。

3．科技与生活展厅

该展厅位于地上三层，主要展示与人们生产和生活密切相关的领域中的科学技术。包括居家之道、健康之路、衣食之本、机械之巧、交通之便、信息之桥等展区。

居家之道展区介绍环境设计、家电原理、生态环保家居，在此可以体验“家具创意台”。

健康之路展区介绍人体和人体防御系统、高血压与动脉硬化、核磁共振等。

衣食之本展区介绍种子、农田区划、温室、家禽饲养、啤酒酿造等。

机械之巧展区介绍传动方式、机械手、六分仪、仿真机器人等。

交通之便展区介绍航空管理、汽车发展及原理。

在信息之桥展区可以体验“虚拟网球”“创意天地”“左右开弓”“过山车设计”“网络DIY”。

4．挑战与未来展厅

该展厅位于地上四层，展示人类面临的重大问题与挑战，科技创新对可持续发展的贡献，人类对未来生活的畅想。使观众认识到创新是人类应对未来挑战的重大选择，引导观众对未来科技发展问题的关注和思考。包括新型材料、地球诉说、能源世界、海洋开发、太空探索、基因乐园等展区。

新型材料展区介绍超导磁悬浮列车、新型陶瓷、复合材料、双向记忆合金等。

地球诉说展区介绍化石能源危机、温室效应、未来的海滨城市等，在此可以体验“环境变迁”。

能源世界展区介绍清洁能源、中国气候变化等。

海洋开发展区介绍海洋剧场、可燃冰。

太空探索展区介绍空间站。

基因乐园展区介绍转基因、病毒入侵等。

任务二　参观数学之魅展区

学习形式

分组参观中国科学技术馆，根据任务单完成任务。在上午和下午各有一次集中讨论时间，用于研讨参观时遇到的疑点，并确定游戏选题，互相分享所见所想。

环节一：教师带领学生进馆，讲解关于中国科学技术馆的大致情况，并提出参观的要求。

环节二：参观数学之魅展区。

这是一个数学馆，也是我们最熟悉的部分，场馆中到处都蕴含着数学知识，有坐标系、椭圆等我们在中学阶段所学习的知识。你可以动手操作感受曲线的动态形成过程。

你能找到其中蕴含的数学知识吗？请你尝试将这些数学知识进行分类。例如，分为代数类、几何类、统计类等。

环节三：分组参观。

进行分组，分发参观资料，对参观时间做出规定。约定参观

1小时后为教师答疑时间，将对任务三进行讨论；参观3小时后为小组陈述思路时间，将对任务四进行讨论。

任务三　通过图片线索寻找展品

学习形式

分组参观，找到任务单中图片所示展品在场馆中的位置，分析与其相关的数学知识。

下表图片中的展品可以在哪个场馆找到？其中蕴含了哪些数学知识？你们可以提出什么数学问题？

表1-1　中国科学技术馆项目学习任务单

图片	这是什么	在哪里能找到它	蕴含的数学知识	提出的数学问题
	穹幕电影			
	古今长度单位对比			

（续表）

图片	这是什么	在哪里能找到它	蕴含的数学知识	提出的数学问题
	神奇传动比			
	航空管理塔台			
	机械齿轮			

（续表）

图片	这是什么	在哪里能找到它	蕴含的数学知识	提出的数学问题
	日晷			
	赵州桥			
	分形			

任务四　设计“密室逃脱”游戏

学习形式

小组合作设计项目成果，预计在一周后展示。

成果一

在“密室逃脱”类的游戏中，参与者要通过获得的信息来寻找解开谜团的线索，请根据你们所发现的中国科学技术馆中的数学问题，设计一款适合中小学生玩的中国科学技术馆“密室逃脱”游戏。

成果要求

1. 游戏中要覆盖中国科学技术馆中的多个展厅，包含多个与数学有关的问题，每个问题或线索之间要有一定的联系。

2. 提出的问题要符合中小学生的知识储备和认知能力。

3. 游戏形式可以有所创新。

成果示例

第一关通关谜题：

在中国科学技术馆二层的中心位置有一具翘首的阿纳川街龙化石，威武的身姿给人很强的视觉冲击。用适当的方法估计出这具恐龙化石的高度，误差不超过0.5 m且方法合理者将获得第二关通关谜题。

成果二

将开展这个项目学习的心得体会写成小论文。

成果要求

1. 小论文中要体现项目学习的历程。

2. 在本书的后续章节中会

请读者思考

阅读了这个项目后，你有哪些感受？完成这个项目对你认识中国科学技术馆中的数学有什么帮助？

展示几个基于中国科学技术馆的数学项目学习设计，请你在小论文中给出点评，期待你有更精彩的设计！

数学项目点子2

如果在你的城市构建一个与太阳系真实规模成比例的太阳系模型，那么太阳与地球的距离、地球与其他行星的距离分别是多少？请你用有创造性的方法展示这个模型。

数学项目点子3

查阅迷宫的历史资料。你如何寻找那些在迷宫中迷失的人呢？你需要多少人才能找到他们？试着研究二维迷宫算法并将其推广到三维迷宫。

第二章 理解数学项目学习

第一节 数学项目学习的理论

一、数学项目学习的时代背景

（一）时代呼唤项目学习

在我们即将开始这一章的讨论时，首先来看一看这个时代带给教育的变革是怎样的。

随着社会的发展和教育的改革与进步，越来越多的人开始关注学生的全面发展。为了提高全体美国人的科学、数学和技术素养，帮助美国转变教育体制，美国科学促进协会（American Association for the Advancement of Science，AAAS）启动了一项长期的研究项目——“2061计划”①，在这一计划中着重关注学生的学习方式和学习载体。我国的课程标准中也强调不同的人有不同的发展，不以掌握知识为唯一目标，而是更加注重学生进入社会的能力，包括语言表达能力、沟通交流能力、技术运用能力等，也注重学生在未来的工作和生活中分析问题与思考问题的思维的培养。国际21世纪教育委员会向联合国教科文组织提交的报告中提出：“教育应该促进每个人的全面发展，即身心、智力、敏感性、审美意识、个人责任感、精神价值等方面的发展。”从中不难看出21世纪教育发展的基本图景。各国、各组织都开展了很多关于学生面对21世纪挑战必备的技能的研究，例如，美国研究制定的21世纪技能，从学习和创新，信息、媒体与技术，生活与职业技能三个维度进行了阐释。我国教育部于2019年发布了中国学

① American Association for the Advancement of Science. About Project 2061 [EB/OL]. [2020-06-01]. http://www.aaas.org/programs/project-2061.

生发展核心素养，以科学性、时代性和民族性为基本原则，以培养“全面发展的人”为核心，分为文化基础、自主发展、社会参与三个方面。综合表现为人文底蕴、科学精神、学会学习、健康生活、责任担当、实践创新六大素养。

我们能够深刻地感受到，进入21世纪之后，教育发生着引人注目的变革，这种变革大到国家的课程改革，小到课堂上的教学改革。人们意识到，对教育的理解早已不能停留在工业时代了。如果说工业时代教育追求的是标准化，追求的是一种有着严格控制的结果，即强调的是服从、一致性、单向交流，那么21世纪教育的变革体现为追求以学生为中心，追求多样化，在一种面向知识整体的架构当中，以合作的视角全面提升学习效果。

在这样的背景下，我们不得不去思考学生需要什么样的教育。我们不再简单地去追求知识的传授，而是响应时代的变化，设计基于学生、基于团队、基于问题、基于技术，系统而全面的教学。未来教育发展的最核心方向是助力人的全面、自由、个性化发展。面向2030年的教育，应该是更加人本的教育，更加关注学生的心灵和幸福；面向2030年的教育，应该是更加平等的教育，让所有孩子都能享受到优质的教育资源；面向2030年的教育，应该是更加可持续的教育，强调学习能力的养成和终身教育；面向2030年的教育，应该是更加适合的教育，更加重视学生的个性化和多样性；面向2030年的教育，在全球化加速推进和信息化迅猛发展的背景下，应该是更加开放的教育。

如果不能接受变革，那么就会被淘汰。即使大多数教师是在传统教育背景下成长起来的，但是在现在的教育培训中，教师作为学习者，也不甘于被安排，不甘于被动接受，不甘于一味服从和执行，希望能够有主体性，能够有参与性。那么再反观现在的学生，他们同样也有个性的、主动的、多元化的需求，他们也期待着在合作中进行创造性的学习。

（二）教学的转型呼唤项目学习

显然在新的教学范式之中，我们需要一些新的教学设计理念，当然这并不意味着我们应当放弃先前的教学理念。我国的教学传统有非常好的基础，并且也发挥了非常大的作用，如果在已有教学所强调的示范、练习、规则、反馈等基础上再加入一些因素，会带来更好的效果。

那么到底应当加入什么呢？在认知主义向建构主义、人本主义甚至后现代主义发展的进程中，分析各种理论的出发点，我们可以发现，高质量的教学是在学习基础知识和基本方法的前提下，给学生提供更多的学习可能性。学生可以在“说”和“做”当中掌握技能，将原本的被动接受转化为一种与他人的互动；学生可以获得主动权，以自我为中心，有自我导向；学生可以在团队中解决真实的任务，可以在开放的空间中尝试利用先进的技术坚持解决问题直到突破现有的答案。

在这种理想的状态下自然而然地形成了许多教学方式，如教师演示和反馈相结合的教学方式、游戏指导的教学方式、学生小组研讨式教学、多人非正式讨论教学、游学当中进行学习、完成团队任务的学习方式、从静思中学习、从案例中学习、在角色扮演中学习、通过头脑风暴或智囊团的形式学习，还有苏格拉底式的对话学习。这些多样的形式并不是最重要的，在我们所倡导的教学方式中，能够融合上述教学方式所强调的理念才是最重要的，这也是最值得推荐给大家的教学方式。所以，归根结底是要思考高质量的学习应具备什么样的特征？如何设计教学才能体现这些特征？到底用什么样的方法能够更好地促进学生在不同情境下学习，获得更全面的发展？要提供什么样的活动要求和学习工具，使得学生能够获得一套思维方法，并在学习过程中运用恰当的方法处理不同的学习内容。

在此之前，需要先讨论学习包括哪些类型。大多数理论学家将学习分为三大领域——认知领域、情感领域和动作领域。布鲁姆的分类是认知领域最为清晰的理论，包括知识、理解、应用、分析、综合、评价六个层面。其中涉及了较低层次的目标和较高层次的目标，当然，该理论也存在一些缺陷。在后续加涅以及其他人对其不断批判和完善中也对言语信息、智慧技能、认知策略等方面进行了进一步的研究。奥苏贝尔还将学习分为机械学习和有意义学习。安德森区分了知识的不同类型，包括陈述性知识、程序性知识和策略性知识。在上述这些关键概念的列举之后，我们可以意识到，学习理论从最基本的“记忆信息”和“知识的简单提取”，到进一步的“理解关系”，这其实已经体现了学习能力的提升。再进一步，我们关注的是如何在解决问题中应用知识和技能，这其实也是学校教育的主要目标之一，当然更具综合性和复杂性的是在学科内或跨学科领域运用高阶思维、元认知等复合学习策略解决综合性的复杂问题。

对学习的认识逐步走向两个极端。一个方向是客观主义的学习观，另一个方向是建构主义的学习观。客观主义的学习观认为知识是可以由教师传递给学生的，教学更多地关注对内容和任务的分析、描述和再排序，以便使得它们更容易、更准确地传递给学生。建构主义学习观则假设知识是学习者在生活的经验中做出的理解和解释，继而通过个人建构和社会交互共同形成的。既然知识不能够被简单地传递，那么教学就应该由经验组成，教学设计的主要目的是为学生形成经验提供支持。当然，看似相互冲突、相互排斥的客观主义学习观和建构主义学习观在教学实践中往往是并存的，关键在于教育实践者的观念处于两者之间的哪个位置上。

建构主义学习观的持有者认为，学习的核心是学生去尝试解决问题、案例或项目，这是学习者学习的主要目标，它与客观主义学习观的根本区别在于，到底是问题驱动的学习，还是知识本身驱动的学习。于是，在建构主义学习观的指导下，基于提问、基于议题、基于案例、基于问题和基于项目的学习涌现出来。学生需要面对的是一些有争议的问题，或者是一些复杂的案例，再或者是一些需要完成的项目。学生在真实的情境中，像实践者那样调动自己的知识和思维，思考并处理复杂问题，在时间较长又具有整合性的教学单元中，学生聚焦于包含多个问题、多个案例的复杂项目，他们对一些观点进行讨论，对一些知识进行学习和交流，并且通过实验操作或其他解决问题的一些必备手段来完成任务。不得不在此说明的是，其实学界对基于项目的学习与基于问题的学习，到底哪一个更复杂，哪一个更上位，也有不一致的观点。但是，其实我们无须对此做出精准的分析，只需要理解其共同假设，即让学生在主动学习中建构对知识的理解并解决真实或拟真实的问题。

二、数学项目学习的内涵

（一）项目学习的界定

项目学习（Project Based Learning，PBL）是信息时代的一种学习方式，类似于美国现行的创新思维课堂。著名教育家克伯屈（William Heard Kilpatrick）曾于1918年在哥伦比亚大学《师范学院学报》上发表了题为《项目（设计）教学法：在教育过程中有目的的活动的应用》的文章，在文章中首次提出“项目”的概念[①]。目前对于项目学习还没有公认的定义，美国巴克教育研究所对项目学习给出了相关的描述[②]，其描述主要突出了项目学习作为一套系统的教学方法，具有较完备的学习过程，包括探究活动、项目作品、项目规划与实施的全过程。

认识新的学习方式往往需要通过具体的教学实例来进行说明，故先以一个数学项目学习片段为例对项目学习的学习方式加以说明。

案例1　超市中的有理数运算

在学习有理数的运算时，以超市购物为大背景展开学习，购买商品时会涉及有理数的加减乘除运算等问题。在问题引入部分可以体现有理数的加减法，例如购置几件商品或者退掉一件商品。同样，乘除法也可以类似地在解决问题的过程中得以学习。最后，请学生设计自己的购物清单并展示。

---

① 单中惠.现代教育的探索——杜威与实用主义教育思想[M].北京：教育科学出版社，2002：239.

② 巴克教育研究所.项目学习教师指南——21世纪的中学教学法[M].任伟，译.北京：教育科学出版社，2008：4.

由此看来，有理数的运算法则都可以在这个大的背景下进行学习，结束学习后的成果展示可以很好地延伸学习，加深理解。像这样以实际生活问题作为背景，通过解决实际问题来学习相关知识，并最终通过一定的项目成果呈现学习内容的过程可以看作是项目学习。

项目学习作为欧美盛行的教学方法之一，是以实际问题为背景，运用一系列理论知识，通过不断地分析、整合，最终解决实际问题的学习过程。它能够有效地促进学生的能力发展，提高学生的创新能力，增强学生的合作意识。但对我国传统教育而言，这是一种新型的教育模式，目前，国内教育界对项目学习的研究主要停留在理论探索阶段，这其中有两方面主要原因：一方面项目学习是“舶来品”，我们需要对其进行理论上的探究，才能更好地引用和实践这种学习模式；另一方面，在我国当前的教育体制下，运用这种学习模式可能会有所限制。那么这种学习模式如何在我国得以很好地应用呢？当前已经有很多先进教育工作者将目光聚焦到项目学习上，针对项目学习的教学方法也做了很多研究。

项目学习在英语、物理、生物、科学等学科融合中广为应用，国外的项目学习也有很多集各类知识于一体的学习模式。它能有效地促进学生对不同学科领域知识的探索学习和理解应用。在走进数学项目学习之前让我们首先来认识一下当前较为普遍的对项目学习的界定。

美国巴克教育研究所是推动项目学习的权威机构，目前对于项目学习还没有公认的定义，巴克教育研究所把基于标准的项目学习（standards-focused PBL）定义为一套系统的教学方法，它是对复杂、真实问题的探究过程，也是精心设计项目作品、规划和实施项目任务的过程。在这个过程中，学生能够掌握所需的知识和技能①。

佐治亚大学的教育技术专家米歇尔·格兰特在其文章中对项目学习做了如下解释：

项目学习以学习者为中心，给学习者提供了一个深入探究有意义主题的机会。在项目学习中，学习者构建个人的有意义的作品，并且这些作品能够反映和代表他们的学习成果。在这个过程中学习者会更加主动、积极②。

约翰·托马斯认为项目学习需要复杂的任务，基于挑战性问题的解决过程。学生进行设计、问题解决、决策或者调查活动。在整个过程中要充分发挥学生的自主性，项目学习最终以产品或者陈述等形式结束③。

虽然对此术语的界定各有不同，但是，在如何创建和实施，如何发展，作品的应用对象等方面都有类似的目标和问题。一般而言，"项目"一词指的是作业，或者是长期（通常是2周以上）和面向产品（从小到大的）的作业。过程是很重要的，特别是在学生驱动的项目中，其主要目标可能是合作学习。一个典型的学校项目可以让学生的研究课题在几个星期的课程中得出研究成果，如小品、歌曲、视频、口头表达，甚至综合作品，其他项目

① 巴克教育研究所. 项目学习教师指南——21世纪的中学教学法[M]. 任伟，译. 北京：教育科学出版社，2008：4.

② GRANT M M. getting a grip on project-based learning：theory，cases and recommendations.[J], Meridian, 2002, 5（1）.

③ THOMAS J W, A review of research on project-based learning [EB/OL]. [2020-06-01]. http: //citeseerx.ist.psu.edu.

可能包括创造更大范围的产品，如博物馆展品、学校壁画或科学博览会[①]等。

以上观点都是比较权威的机构和专家对项目学习所下的定义。相比较而言，第一个定义是从宏观上对项目学习的整体把握，后两个定义是在内容上对项目学习进行具体概括，主要侧重于项目学习的教学对象和学习过程。第二个定义涉及项目学习的操作对象和成果展示，但没有清晰地概括出项目学习的所有特征以及对学生的要求。第三个定义则是在第二个定义的基础上的补充，对项目学习的初衷、操作过程中的教学对象以及项目学习的特点和最终目的都有详细解释。

在国内也有很多专家对项目学习做出了自己的解释，如山东大学外国语学院大学外语教学部的高艳对项目学习的定义是：项目学习是一种以学生为中心的教学方式，要求学生通过一系列个人或合作任务，借助他人（包括教师和学习同伴）的帮助，利用必要的学习资源解决现实中的问题以获得知识和技能[②]。

刘延申在《美国高等师范教育改革简述》中给出了更加具体的解释：学生通过亲自调研、查阅文献、收集资料、分析研究、撰写论文等，将学到的理论知识和现实生活中的实际问题紧密结合，得到综合训练和提高。最后，学生还要在课堂上介绍自己的研究情况，互相交流并训练表达能力等。这种教学方法称为项目教学法，或基于项目的学习[③]。

上述两个定义从不同层面阐述了项目学习的特征和对学生的

① Fischer, Charles. Project-Based Learning. Research Starters Education (Online Edition) [J]. 2008(4):1.

② 高艳.项目学习在大学英语教学中的应用研究[J].外语界，2010, 6(42):42-48.

③ 刘延申.美国高等师范教育改革简述[J].教育研究，2001(10):74-77.

要求，前一个定义从大方向上对项目学习做出了精确的诠释，以建构主义的角度折射项目学习的真实意图，有一定的指导意义，此定义有缺憾的地方是，只强调了学习的最终目的是解决问题，没有提及项目学习的教学结果即学习作品，而这却是项目学习的主要特征之一，也是它区别于基于问题学习的重要特征。后一个定义主要以项目学习实施步骤为主线，从侧面准确地归纳了项目学习的特点和要求，可以作为一个操作性定义供实施者参考和借鉴。不过，定义中阐述了学生要在课堂上介绍自己的研究情况，同样没有提到学习作品这个项目学习的重要特征，值得推敲。总之，由上可以看出国内学者对项目学习已经有了比较透彻的理解，这为项目学习在我国学科教学中的开展提供了强有力的理论保障。

综合以上观点，可以得到关于项目学习的一些共性特征，即项目学习强调解决复杂、真实的问题，强调学习的过程性和系统性，强调学习需要产生的作品。可见项目学习需要有一套完备的学习体系促进项目的实施，并需要一定的评价机制来评价学习成果。

本书对项目学习有如下的理解：

项目学习是一种以复杂、真实问题为背景，在解决实际问题的驱动下，通过完成项目学习知识与技能的学习方式。在项目的学习进程中，学生需要完成项目成果，学习并掌握相关知识与技能，提升问题解决能力，体会思想方法，感悟社会文化。

（二）数学项目学习的界定

数学项目学习是基于项目学习理论，将学习内容聚焦到数学知识学习的一种学习模式。以生活实例为背景，并从中抽象出数学问题，引导学生在解决相关问题的过程中学习新的数学知识，掌握新的数学能力，能够帮助学生更好地进行数学学习。

数学项目学习应涵盖以下内容：

（1）设置学生不熟悉的任务，可以促进学生主动性和灵活性的发展。

（2）可以使用各种各样的策略和技巧的任务。

（3）对问题进行调查后收集和整理必备信息。

（4）在数学项目学习开展时，鼓励学生发展解决问题的能力、批判性思维、创造力以及对自身学习的主动性和责任感。

（5）延长工作时间，使学生能有足够的时间进行问题的调查①。

可见数学项目学习是一种系统的教学方法，这种教学方法引导学生通过深入探究复杂的、真实的问题以及精心设计产品和任务来达到获取知识和技能的目的。此解释涵盖的范围广泛，小到在一个教室内持续一到两周的单一学科的简单项目，大到有社区和校外人员参与的持续一年的多学科项目。

如今，欧美国家在开展项目学习方面已经积累了比较丰富的实践经验，项目学习已经成为一种教学趋势，这种实践性很强的方法也渐渐进入我国教育工作者的视野。2016年3月通过EBSCO进行关键词检索得到关于PBL的文章约13 000篇，其中关于数学项目学习的约90篇。通过CNKI进行项目学习全文检索，得到关于项目学习的文章约30 000篇，其中2010年以后约21 000篇，数学项目学习的相关文章约50篇。通过数据分析可见教育先行者对项目学习的关注度逐步提高，从文章的内容上看所研究的问题也

① STOICA A. Using Math Projects in Teaching and Learning[J]. Procedia-Social and Behavioral Sciences.2015(180):702-708.

逐步深入，研究的方向也从项目学习本身延伸到项目学习在我国的初步应用，包括英语、物理、对外汉语、数学以及学科融合等多角度、多学科的研究，但对数学学科的研究还不够深入。此外，项目学习在我国也有一些试点活动，我国对项目学习也有了进一步的研究。但目前国内学术界对项目学习的研究主要集中在教学应用及有效性的层面，对项目学习教材本身的研究很少。

通过文献可知，项目学习是以学科的概念和原理为根本，围绕项目展开教学活动，要求学生最终用产品或作品来展示学习的成果，以达到提高知识和技能的目的的一种教学方式。这种教学方式以学生为中心，学生在真实情境中以小组的方式进行自主设计、决策、搜集资料及解决问题，同时在学习过程中需要教师的必要引导。

国内外学者对项目学习有了一定的理解和界定，而对于数学项目学习的概念，巴克教育研究所的描述更为贴近。综合大多数人的见解可知，数学项目学习是在项目学习的基础上，突出体现了数学的学习，并以数学知识学习为主完成项目学习的全过程。

本书认为数学项目学习是指：

数学项目学习是一种以复杂、真实问题为背景，在解决实际问题的驱动下，通过完成项目学习数学的学习方式。学生以完成项目成果为驱动，数学知识的学习渗透到完成项目的全过程中。

三、数学项目学习的特征

（一）项目学习特征的文献评述

从理论基础层面可以看出项目学习具有一定的特征，例如背景问题的复杂性、真实性、丰富性；强调学习内容的综合性；体现问题来源于生活；强调以学生为主体；强调知识的建构过程等。这完全符合项目学习的理念，而对于项目学习的特征的认识不能仅仅停留在理论层面上，有很多应用项目学习进行实践的先行者对项目学习的特征进行了考察和研究，其中有一些特征的描述较为全面，具体如下。

巴克教育研究所对优秀的项目学习应具备的特征有如下规定：

（1）在学习过程中以学生为中心，发掘学生对学习的内在渴求，承认他们有能力做好重要的事情，理解他们希望被认可的需要。

（2）使学生参与到某学科的核心概念与原理的学习中，项目活动不是常规课程的附属品，它本身就是教学的中心。

（3）经过高度精练的驱动问题能够激发学生兴趣，引导学生对真实且重要的专题进行深入探究。

（4）在学习、自我管理和项目管理过程中，学生能够运用科技手段和其他关键的工具与技能。

（5）有对项目作品的详细说明，项目作品可能具有以下作用：能解决项目问题；能对项目中进退两难的困惑做出解释；或者可以呈现调查、研究和推理所产生的信息。

（6）包含多样化的项目作品，可以对这些作品进行反复回馈，并为学生从体验中学习提供机会。

（7）采用基于表现的评价方法：提出对学生的期望，呈现艰苦的挑战，要求学生掌握一系列技能和知识。

（8）鼓励学生以某种形式互相协作，可以是分成小组、由学生组织的项目展示与演说，也可以是全班对项目成果的评估[①]。

可以看出巴克教育研究所认为项目学习应关注学生的主体性、对复杂情境的精炼化、科技手段、项目成果、评价机制以及小组合作的学习方式。

国内学者对项目学习也进行了相关的研究，高艳在其文章中指出项目学习具有如下特征：

（1）以学习者为中心，激发他们对学习的内在渴求，承认他们在学习风格、学习方法上的个体差异。项目学习可以调动他们的学习积极性，最大限度地发挥他们的潜力。

（2）学习活动发生在有意义的特定情境中，通过一个驱动性或引发性的问题来组织和激发学习活动。问题多来自学习者的现实生活，他们根据自己的兴趣以各自的方式来探究问题的答案，因而学习也就变得更有意义。

（3）重视学习共同体的存在，鼓励合作学习。项目学习以小组形式开展，小组成员通过共同承担任务、分享技能、相互约定等互动方式促进思维和问题解决能力的发展。在这一过程中，他们相互学习，取长补短，认识每个人的价值。

（4）学习过程中运用多种认知工具和信息资源。项目学习中学习者原有的知识不能满足需求时，他们需要借助外部资源，如教师、专家、互联网、图书馆等来延续自己的学习。外部资源对学生的认知发展起到了促进作用[②]。

可以看出，高艳认为项目学习应关注学生、关注情境、关注学习方式及资源利用。

---

① 巴克教育研究所.项目学习教师指南——21世纪的中学教学法[M].任伟，译.北京：教育科学出版社，2008：5.

② 高艳.项目学习在大学英语教学中的应用研究[J].外语界，2010，6(43)：42-48.

国外学者对项目学习课程设置的特征做出了独特的理解，认为项目学习的教学需要包含以下要素：

（1）关键知识、理解力、成功的技巧

（2）问题挑战性

（3）持续探究性

（4）真实性

（5）学生的心声

（6）反思

（7）批判与修正

（8）公共产品[①]

从中可以看出该学者最关注情境的设置，希望设计有挑战性的问题，并注重学生本身和对项目的成果展示及评价。

通过研究文献发现项目学习有其明显的特征，且呈现了很多公认的特征。综合以上的理论，结合对数学项目学习材料的研究，可以归纳出数学项目学习的特征，下面将结合案例予以说明。

（二）数学项目学习的知识性特征

学生在数学项目学习中不仅要应用数学知识，还要学习数学知识。也就是说，问题驱动了数学学习，学生要在项目中学习数学知识，再用所学的数学知识解决问题。数学项目学习涉及的数学知识非常广泛，包含数与代数、图形与几何、统计与概率等，虽然每个项目所要达到的目标不同，但都包括知识性目标。在我国义务教育数学课程标准中提出了数学发展的十大核心概念，其中的应用意识和模型思想是数学项目学习的重要目标指向，但是

① LARMAR J, MERGENDOLLER J, BOSS S. Setting the Standard for Project Based Learning: A Proven Approach to Rigorous Classroom Instruction,[M].ASCD,2015.

数学的应用离不开基础知识的掌握，换一种视角就会发现，十大核心概念的全面发展才是和谐有效的。

下面是一个关于方程的数学项目学习案例。在该案例中，学生从数的发展历程、算术思维的发展、方程思想的发展等多条线索逐步认识方程，并结合《九章算术》等中国古代数学经典著作以海报的形式总结方程思想。

案例2　突破算术定势，走进代数思维①

导语：

小学阶段的问题解决以算术思维为主，随着学习的不断深入，从算术思维过渡到方程思维是每一个学生必须经历的过程。因此需要学生学会用字母表示数，寻找数量间的等量关系，实现从认识方程到运用方程解决问题的顺利过渡。为此，在解决问题的过程中，让学生运用算术思维和方程思维，通过对比得出用字母表示更普遍的数量关系，还要让未知数参与运算，产生数学方法上的一次突变，为学生代数思维的形成创造条件。

学习目标：

1．通过查阅资料了解从数的产生到方程的应用的历史过程。

2．会用字母表示代数式，初步建立符号意识。

3．会设未知数表示简单的数量关系。

4．会应用算术和方程两种方法解决问题。在解决问题的过程中，分析对比算术和方程两种思维的区别和联系。

5．能够应用方程思想分析和解决问题，建立方程意识。

① 项目设计者：闫亚婷、王艳霞、马娜，北京市日坛实验中学。

学习任务与流程：

任务1 了解数的产生、符号的引入到方程的产生。

任务2 举出生活中可以用字母表示代数式（整式）的例子。

任务3 举出生活中可以用未知数表示简单的数量关系的例子。

任务4 查阅鸡兔同笼、丢番图的墓志铭等问题的资料。

任务5 每个小组查阅中国古代数学经典著作中与方程相关的问题。

学习资源：图书、互联网。

学习成果：

任务1 查阅资料了解数的产生、符号的引入到方程的产生，以手抄报的形式展示。

任务2 用身边的实际问题，列举用字母表示代数式（整式）的例子，以小组的形式展示。

任务3 列举身边实际问题，引用未知数表示简单的数量关系，以小组的形式展示（展示方式可以是汇报、课本剧等）。

任务4 查阅鸡兔同笼、丢番图的墓志铭等问题的资料，把2个班分成8组，分别应用算术和方程的方法解决问题，以辩论赛的形式汇报。

任务5 每个小组查阅中国古代数学经典著作中与方程相关的问题，以小组的形式汇报。

（三）数学项目学习的实践性特征

由于项目学习解决的问题主要是现实生活中的实际问题，因此它能很好地将学科知识与生活实际联系起来，并且强调问题的真实性。这与传统教学相比，突破了教室的束缚，有效利用社会资源，所以能够很好地克服一些基础教育中脱离学生社会生活的倾向。

实践性是数学项目学习的一大特征。大多数项目学习是以实际问题为背景展开知识的学习，这样能够让知识更具体形象，也会促进学生掌握所需的知识与技能，是一种先进且有独创价值的学习方式。在传统教学的基础上，开展以学科为基础的项目学习将有效改善知识孤立的现状，数学项目学习是将数学知识与社会紧密联系的桥梁，对数学知识的理解与应用有一定的促进作用。

下面是一个与抛物线有关的数学项目学习案例。抛物线独有的几何性质使其在现实生活中有广泛的应用，此处利用了太阳平行光线照射可以交汇于焦点的特征，制作了截面可以看作抛物线的加热装置。这个项目的操作性很强，面对一个具体的作品学生必然要动手实际操作，这在一定程度上锻炼了学生的动手能力，学生需要精确计算和正确操作才能成功加热香肠。

案例3　利用抛物线的性质制作香肠加热装置①

项目问题：

阳光的能量充足，可否利用数学知识制作能够聚焦阳光的装置来加热香肠？

项目流程：

1．研究抛物线焦点的性质。

2．利用抛物线焦点的性质设计反射太阳光的加热装置。

如果采用方程 $4p(y-k)=(x-h)^2$ 来进行研究，请你绘制装置横截面的研究草图。如何给这个抛物线建立坐标系？这个抛物线的

① 改编自：[EB/OL].[2020-06-01].https://www.education.com/science-fair/article/solar-hot-dog-cooker/

方程是什么？

3．将草图按比例放大，并确定焦点位置。

项目成果：

1．利用纸盒、棍子、锡纸、剪刀、胶带、绳子等物品制作加热装置。

2．测试加热效果。

3．撰写研究报告，并反思你们的项目制作过程。

下面是学生操作的部分展示：

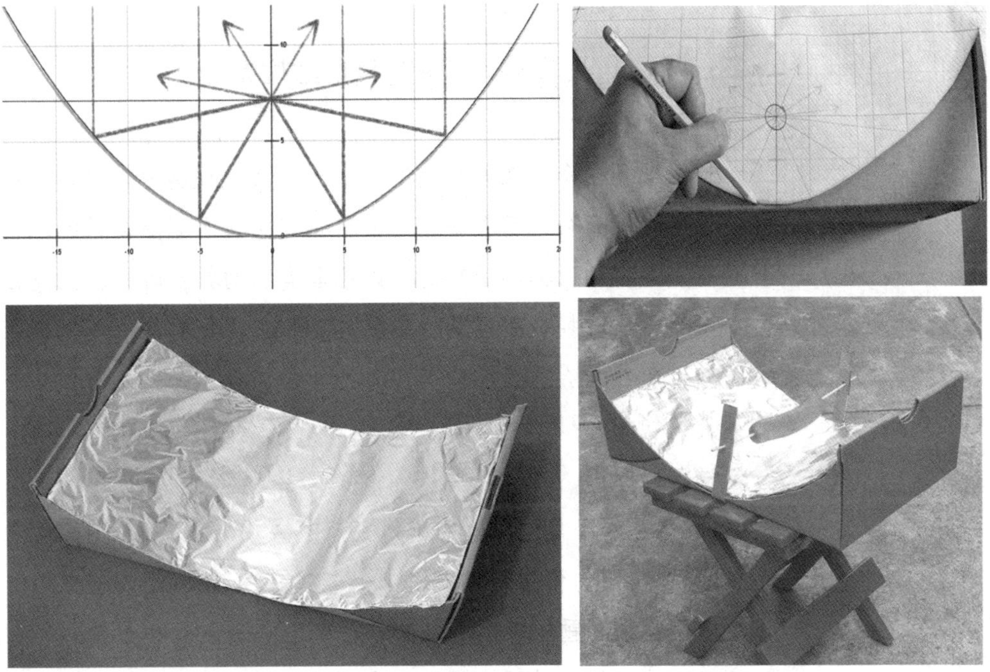

（四）数学项目学习的综合性特征

项目学习综合性较强，体现在研究领域的综合和学习能力的综合。

项目学习中所研究的问题多数是跨领域或跨学科的，这些问题需要学生在掌握多门学科知识的基础上进行解决。在学习过程中会有学科知识交叉的问题。

项目学习不仅源于实际生活，而且应用于实际生活，更能够提高学生的洞察力、创造力、问题解决能力等，还能培养学生的协作精神。

下面是一个解决实际问题的数学项目学习案例。在设置救护站点时需要考虑多种因素，这个项目呈现了将复杂问题不断简化的过程，需要学生综合运用数学抽象能力和问题解决能力。

案例4　确定救护站位置①

项目背景：

时间就是生命，在紧急情况发生时，及时正确地救护就能挽救他人宝贵的生命，而救护站则需要做到在有人需要救护时，救护车能以最短的时间到达现场，以争取有利的救护时间。因此在某一城镇中，选择救护站的位置就成了一个很重要的问题。那么救护站设置在什么位置才能使应急抢救的成效最高，使救护站发挥最大的功效呢？

学习目标：

1．了解选择最佳位置的原则。

2．体会最优化的思想方法。

项目驱动问题：

一个城镇要在社区内新建两个救护站，以应对城镇居民的突发状况。救护站需要做到在有人需要救护时，救护车能以最短的时间到达现场，以争取有利的救护时间。那么两个救护站应该怎

① 项目设计者：王莹莹，北大附中西三旗学校。

样选址才最合适呢？

任务一：

如何定义“最佳位置”？

讨论并调查，哪些实际因素会影响救护站位置的确定？哪些因素更重要？为了满足实际需要并方便计算，“最佳位置”的确定要考虑哪些因素？

【教师预案】

1. 可能的影响因素。

(1) 城镇的道路状况。包括社区的整体道路结构及已有设施位置状况，救护车到达救护地点过程中的道路障碍有哪些，居民楼的分布特点等。

(2) 城镇内人口分布状况。包括人口密度分布特点，人口年龄、身体状况等特点，城镇人员对救护站的需求，每片区域所需要的救护数量等。

2. 救护站的最佳位置。根据这片区域所需要的救护数量，以及救护车能最快到达救护地点的原则来确定。

任务二：

1. 确定救护站位置设置的方案。

2. 将实际问题抽象为数学问题。

3. 确定解决这个问题需要的假设条件。

4. 建立数学模型并求解。

【教师预案】

1. 为方便解决问题提出以下假设。

(1) 忽略救护车拐弯及过十字路口等待交通信号灯的时间，救护车仅能沿街道行驶，不能横穿街区；

(2) 救护车每次只能完成一个街区的救护，并且同一时刻各街区内及街区间不会同时发生两件及以上的应急事件；

(3) 障碍区需要救护的次数为0，且救护站不能设在障碍区；

(4) 各街区中心为救护车需要到达的地点，救护站位于街角处。

2．设计算法求解救护站最佳位置。

若下图为某城镇的平面图，方格中的数字是一年中需要救护的次数，图中有两个障碍。若救护车驶过一条东西向街道要20 s，驶过一条南北向街道要30 s，请确定救护站的位置，使得救护车能最快到达救护地点。

4	2	5	2	1	0	6	4	2	3	1	2
3	4	3	1	2	3	1	6	5	4	2	3
1	2	5	障	4	0	2	5	障	0	2	3
2	1		碍	2	1	2	6	碍	2	1	4
3	5	6	4	3	1	2	4	0	1	5	1
4	1	1	2	2	3	1	0	4	2	4	3

在假设(4)的前提下，救护需求集中在每个街区的中心，进一步假设救护车只要到达该街区四个街角中最近的一个，就认为到达该街区，则由假设(4)每个救护站选在街角处可知，可能的位置有13×7=91个，两个救护站可能的位置组合有$\frac{91\times 90}{2}$=4 095个。

设(X_k, Y_t)($0\leqslant X_k\leqslant 12$，$0\leqslant Y_t\leqslant 6$)为街道交叉点(救护站)的位置坐标，$(i+0.5, j+0.5)$($0\leqslant i\leqslant 11, 0\leqslant j\leqslant 5$)为需要救护的街区的中心坐标，$t(X_k, Y_t, i, j)$为救护车从位置坐标为$(X_k, Y_t)$的救护站到位置坐标为$(i+0.5, j+0.5)$的街区的响应时间，$T(X_{k_1}, Y_{t_1}, X_{k_2}, Y_{t_2})$表示坐标位置为$(X_{k_1}, Y_{t_1})$的救护站与坐标位置为$(X_{k_2}, Y_{t_2})$的救护站的总响应时间。

救护车从设在(X_k, Y_t)的救护站到以$(i+0.5, j+0.5)$为中心的街

区的行驶时间为

$$t(X_k,Y_t,i,j)=20\times(|X_k-i-0.5|-0.5)+30\times(|Y_t-j-0.5|-0.5)。$$

记$P(i,j)$为以$(i+0.5,j+0.5)$为中心的街区的事故发生的频率（即上图中该街区所标的数字），用矩阵P表示，则总响应时间为

$$T(X_{k_1},Y_{t_1},X_{k_2},Y_{t_2})=\sum_{i=0}^{11}\sum_{j=0}^{5}P(i,j)\min\{(X_{k_1},Y_{t_1},i,j),(X_{k_2},Y_{t_2}\ i,j)\}。$$

再利用穷举法求出最优值，让X_{k_1}，X_{k_2}取遍0~12，Y_{t_1}，Y_{t_2}分别独立取遍0~6，依次对四数组（X_{k_1}，Y_{t_1}，X_{k_2}，Y_{t_2}）的每一个值算出对应的总时间$T(X_{k_1},Y_{t_1},X_{k_2},Y_{t_2})$。通过比较可得出所有这些总时间的最小值及对应的最优位置。

通过计算机编程求解，可以求得满足条件的最优解是（2，2）、（8，4）两点。

成果展示：

由各个小组汇报研究成果。

学生总结本节内容，交流学习收获。

（五）数学项目学习的学生自主性特征

在进行项目学习的过程中，学生会解决自己感兴趣的问题，这充分体现了以学生为主体的特征。学生直接参与学习过程，从收集信息、制订计划、选择方案、实现目标、反馈信息到评价成果，学生参与整个过程的每个环节，成为活动的主人。在数学学习中处于劣势的学生也可以在项目学习中发挥自主性，体会数学的价值。

下面的案例改编自本书中的“数学项目点子7”，项目成果是制作一个万花筒。为了能够让学生了解相关背景，项目中简要呈

现了万花筒的发展历史，更多的资料需要学生自主查找。在探讨万花筒的原理时会学习很多轴对称知识，需要教师由易到难逐步引导。在制作简易万花筒并研究其中的图形时，学生表现出浓厚的兴趣，自始至终都能保持高度的学习热情，自主空间非常充分，他们运用自己的空间想象力做各种探究。

案例5　制作万花筒[①]

活动一　查找资料，了解万花筒的历史

1. 查阅资料，回答以下问题：

（1）万花筒是谁发明的？

（2）万花筒是如何引入中国的？

（3）万花筒的制作有什么要求？

（4）万花筒的“花”有什么规律？

（5）有哪些与万花筒有关的趣闻？

2. 通过查阅资料你还能提出哪些新的问题？

活动二　深入研究万花筒的原理

1. 万花筒是什么

万花筒是圆筒形玩具，两头镶着玻璃，筒的内壁装着玻璃条组成的几面镜子，筒的一端放着不同颜色和形状的碎玻璃。向着亮处转动圆筒，由于镜子的反射作用，可以从筒的另一端看到各种图案。

2. 万花筒的原理

万花筒是一种光学玩具，在光的反射作用下，只要通过筒眼观察，就会看到美丽的“花”的图案。将它稍微转一下，又会出

---

① 项目设计者：迟颖，北京市密云区第二中学。

现另一种“花”的图案。不断地转，图案也在不断变化，所以叫“万花筒”。

万花筒的图案是如何来的呢？其实是借助玻璃镜子反射而成的。它的内部有一个由三面玻璃镜子组成的三棱镜，在一头放有一些各色玻璃碎片，这些玻璃碎片经过三面玻璃镜子的反射，就会出现对称的图案，看上去就像一朵朵盛开的花。

万花筒的原理是光的反射定律，而镜子就是利用光的反射定律来成像的，我国古代的人们就已经掌握这种成像原理了。《庄子》里就有“鉴止于水”的说法，即用静止的水当镜子。据说真正的万花筒玩具是英国物理学家大卫·布尔斯答于1816年发明的，而我国民间也很早就有了这种玩具，并且生产出了许多新型万花筒。

3．万花筒的结构与奥秘

万花筒的奥秘就在于它设计精妙的镜体结构和流动的图案。就像万花筒的英文名称一样：kaleidoscope，集合了希腊语的kalos（美丽）、eidos（形状）和scope（观看）等词汇，将它最主要的特点都概括出来。万花筒的“美丽”源自万花筒的“芯”（观赏的标的物），这也是万花筒制作者最下功夫的地方。而且，在创作过程中，“芯”的选择最能体现万花筒的制作创意。“芯”的素材非常广泛，例如彩色玻璃、宝石、鸟的羽毛、干花等，凡是能够想到的物品，都可以用来制作万花筒的“芯”。

据万花筒制作专家介绍，“芯”的部分有很多类型，比如把两片风车状的轮子组合在一起，通过旋转轮子而形成各种各样的图案，或者在前端装上玻璃球，并旋转它来观赏身边任何景物，都能获得一种前所未有的新鲜构图，或在前端部分填充进各种颜色的油的组合，并通过油的流动产生不可思议的图案。

万花筒的镜体有二镜、三镜、四镜、锥形、旋转等多种结构，正是这些不同的结构让我们看到了丰富多彩的图案。

活动三　制作简易万花筒

用两条长15 cm、宽3 cm的镜子条（可以到玻璃商店去买边角料），再剪一条和镜子条一样大小的纸板把它的一面涂黑。把两条镜子条和一条纸板组合在一起（纸板涂黑的一面朝里），用胶布把它们贴好，再用两条橡皮筋把它们捆牢。这就做成了一个最简单的万花筒。

把一些彩色的纸屑、玻璃珠放在一张白纸上。通过万花筒来观察它们，你会看到不同形状的图案。旋转万花筒，图案就跟着变化。

如果你没有镜子条，可以用玻璃条来代替，但是你应该把玻璃的一面涂黑或贴上黑纸，涂黑的一面要朝外。不过用镜子条做的万花筒比玻璃条做的看起来图案要明亮得多。

万花筒是由两面相交成60°角的镜子组成的，由于光的反射，放在两面镜子之间的每一件物体都会倒映出六个对称的图像来，构成一个六边形的图案（如果用夹角是45°角的两面镜子做万花筒，得到的就是八边形的图案）。

活动四　研究你所制作的万花筒的图形

观察你制作的万花筒，探究轴对称图形的定义和性质。

（六）数学项目学习的开放性特征

数学项目学习的开放性体现在三个方面，分别是问题解决策略的开放性、表征方式的开放性、成果作品形式的开放性。在有足够开放性的学习环境中，学生的思维能力、学习能力和数学认知水平会得到充分提升。

下面的案例围绕中国科学技术馆中的展品展开。这件展品蕴含的数学知识非常丰富，教师首先提出开放性的问题，继而层层抽象，与学生一起研究其中的数学知识。本项目有非常广阔的探究空间，学生可以以此为切入点，对函数、平面几何、空间几何、变换、矩阵等不同数学知识展开探究。

案例6 律动的小球

项目背景：

中国科学技术馆一层有一件展品，是由805个小球均匀排布组成的小球矩阵，用直观方式表现大型现代工业控制的原理和方法，展现数学的艺术美。这23行35列的小球阵列共18 m长，12 m宽，每个小球的直径是26 cm。在计算机控制下，电机操纵着小球在空中做上下直线运动，组成不同的图案。

 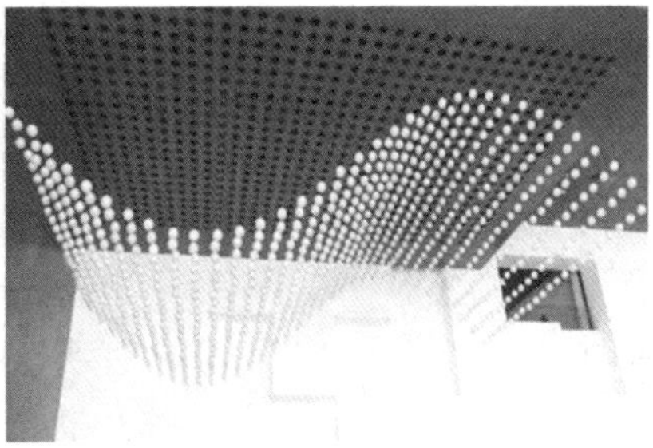

项目流程

任务一 观察小球的运动方式

注意观察这些小球，一开始是在一个平面上，然后随着电机的控制它们上下运动形成了一个曲面。请注意，当小球运动到某个状态的时候，侧面是一个正弦函数图象，它们以相同的速度上下运动然后到下一个位置。

【设计意图】通过观察小球的运动，使学生意识到小球运动的两个条件：一是相同的速度（每个小球相对运动的速度大小是相同的，且小球在前后2 s运动的速度大小相同）；二是上下运动。在这个过程中培养学生的观察能力，使其体会到实际生活中处处有数学。

任务二　以一种运动模式为例，研究其截面的数学规律

你能简易地画出小球的运动规律吗？

我们以9个球为例。初始状态时，它们都在图1的位置。第1 s，第2 s，第3 s时运动到如其他图（图2—图4）所示的位置。

初始状态时

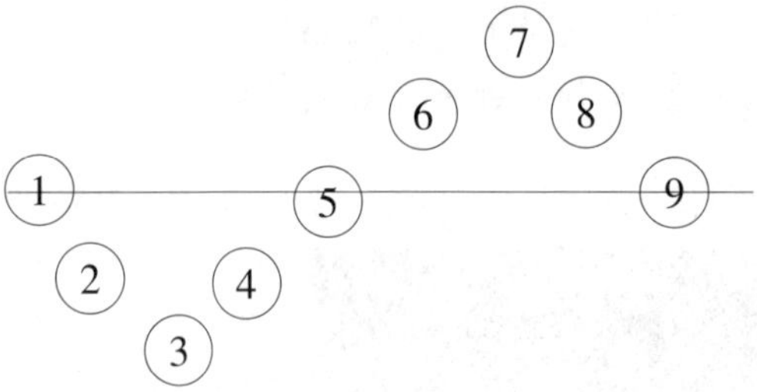

图1

第1 s时

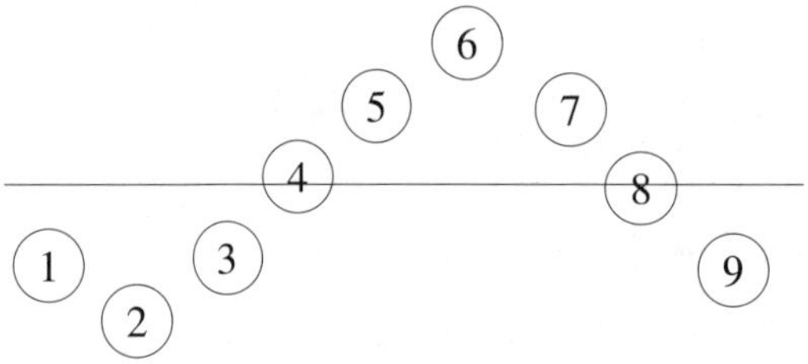

图2

仔细观察这9个小球的运动位置随时间是怎样变化的？你能画出第4 s时小球的位置吗？

【设计意图】将生活问题数学化，从而建立数学模型，培养学生的动手操作能力以及让学生体验模型思想和空间观念。

观察小球的运动，发现第4 s时小球的位置如图5所示，与初始状态时的位置有什么关系？你能继续画下去吗？你发现了什么？

【设计意图】让学生观察第4 s时小球的位置与初始状态时是相反的，学生会意识到4 s小球运动方向改变一次，即0~8 s为一个周期，即小球运动的周期为8 s，到第8 s的时候小球经过一系列运动

又回到了初始状态时的位置。

请问第10 s小球运动到哪个位置？第100 s呢？第n s呢？

第2 s时

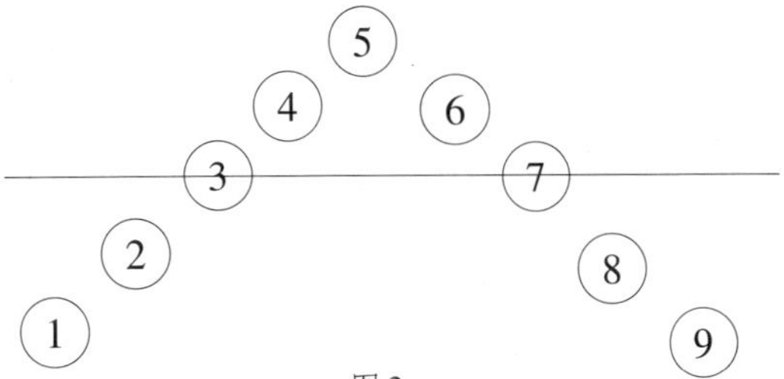

图3

第3 s时

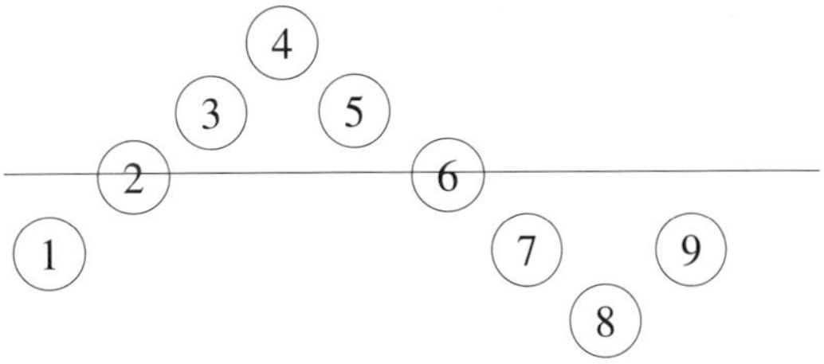

图4

第4 s时

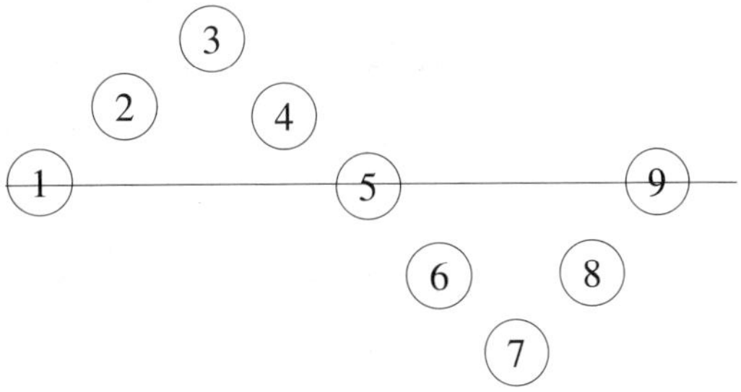

图5

【设计意图】让学生观察任务二中9个小球的运动情况，第10 s的时候有的学生意识到周期的问题，进而很快得到答案；有的学生没意识到周期的问题，只好一步一步推出答案。但是第100 s时小球的位置，学生就没法推出来，此时只能通过它的运动规律找到周期，进而可以得出第100 s、第n s时小球的状态。这一过程是学生的探究过程。学生在教师的问题串下不断思考，从而发现问题的本质，这一环节重在考查学生的推理能力和观察能力。

解答：小球的运动周期为8 s，为了避免初始状态的干扰，我们可将1~8 s看作一个周期。

第10 s时，10÷8=1……2，即小球此时的运动状态与第2 s是相同的；

第100 s时，$100÷8=12\cdots\cdots4$，即小球此时的运动状态与第4s是相同的；

第n s时，$n÷8=m\cdots\cdots p$(m、p为整数，且$p<8$)，即此时小球的运动状态与第p s是相同的。

任务三　以此模式为基础，设计一种有规律的运动

这些小球的运动很美，请你为这些小球设计一种有规律的运动（以9个球为例）。

【设计意图】通过上面的探索，让学生注意到周期的问题，这一环节是让学生根据上面的运动周期，自己设计一种有规律的运动。这既是对刚才学习的应用，也是对学生创新思维的培养。

项目成果

1．设计一种9个小球有规律运动的模式。

2．设计其他模式下的小球运动。

小球的运动速度可以相同，也可以不同。小球的运动可以具有周期性，也可以不具有周期性。

四、数学项目学习与其他学习方式的关系

与数学教育界的教师交流时，最常被问及的问题是：项目学习与其他学习方式有什么不同吗？它与之前所说的综合实践活动，或者数学建模是一回事吗？面对这些问题，我常常并不急于去分清它们的概念，而是鼓励性地指出："其实确实很相像，只要在综合与实践的基础上再多做一些就好。"为什么会以这种形式来回答呢？如果我们了解项目学习的产生背景就容易理解了。

诺尔对项目学习发展历程进行了研究，将其分为五个阶段：

1590—1765年，项目工作在欧洲建筑学校开始；1765—1880年，项目作为一种常规的教学方法被移植到美国；1880—1915年，在美国手工业培训学校和普通公立学校里，采用项目形式工作；1915—1965年，对项目方法重新定义，并将项目方法从美国移植回欧洲；1965年至今，重新引入项目理念，并在国际上广泛传播。[①]

在美国，项目学习有着悠久的历史传统，甚至可以追溯到19世纪。基于项目的课堂教学理念是从农业和工业生产中借鉴而来的，强调的重点是“现实世界”中的问题，其结果明确而且可测量。起初在小学课堂中使用，后来被延伸到所有年级的课堂教学中。慢慢地，项目方法很快得到了采用，而且被用于学生感兴趣的任何活动中，哪怕该活动只是瞬间过渡性的或者是微不足道的。

为大家所周知的是克伯屈于1918年提出了“项目方法”[②]，起初他关于项目方法的定义是非常宏观的，足以包括任何领域或形式的教学，未能给教师提供可用于测量的具体标准。最后，这些定义和建议既没有满足理论研究者的需要，也没有满足实际操作者的诉求。

克伯屈是杜威的学生，杜威的实用主义和体验型学习逻辑塑造了克伯屈的教育学理论，所以对项目学习的界定往往与杜威及芝加哥其他人士联系在一起。在克伯屈当时的项目学习中，很突出的一个特征是：教师提供信息，没有跟随课本中的逻辑发展，

① KNOLL, M. The project method: Its vocational education origin and international development[J]. Journal of Industrial Teacher Education，1997,34(3):59-80.

② KILPATRICK W H. The project method[J]. Teachers College Record, 1918，(19)：319-335.

而是紧跟着学生的思维路径[①]。这一特征是当代教师在教学时共同追求的，一定程度上体现在一些优质的课本中。

最初并没有把项目方法这种实践定义为一种方法，而是采用了描述性的方式。杜威指出："最广义上的教育，就是生活的社会性延续的意义。"[②]克伯屈追随杜威和其他人的观点，认为学校不是为生活而设立的，学校本身就是生活，并在其基础上专门提出要将学生的动力作为项目方法最关键的特征，认为不管学生做什么，只要是有目的地进行，它就是一个项目。

虽然他的努力是基于联系生活，但是在实施中缺乏确定的项目手册，也没有针对教师和学生的明确要求，使得这种教学形式与其他学习方式的界限逐步模糊起来。毕竟，当我们追求一种理念时，可以达成这种理念的路径是非常多样的。缺少项目方法的模式化操作限制了这种方法的发展，但是其中对现实世界融入教学的追求，对学生理解社会的追求，对激发学生源动力的追求，对整个教育界产生了不竭的影响。

后续的二十多年中，仍有学者不断为项目学习做出界定，例如帕克给项目教学提供了最简明扼要的定义，即"学生项目是由学生计划的实践活动单元"[③]，再如道格拉斯和米尔斯指出，教学中的项目就是学生以自然且贴近生活的方式进行的活动单元；在活动过程中，学生以一种目的性很强的精神来达到确定的、有

① HOFE V, GEORGE D. The development of a project[J]. Teachers College Record，1916（17）：240–246.

② DEWEY J. Democracy and education[M]. New York: Macmillan，1916.

③ PARKER S C. Project teaching: Pupils planning practical activities[J]. The Elementary School Journal，1922（22）：335–345.

吸引力的、似乎也是可以达成的目标[①]。但是仅仅讨论定义无法为理论的突破做出太大的贡献，讨论的焦点更多转向其中的心理学原则，以及在项目学习中教师和学生的角色到底是怎样的。这一历史轨迹与当前在我国推进的项目学习有一致之处，我们的关注点不必一味停留在项目学习是什么，而是要去权衡学生如何在活动中同时获得知识、技能、数学思考与问题解决能力。

20世纪30年代经济大萧条刚开始时，人们认为公立学校既不能防止也不能纠正经济大萧条，因此公立学校遭到了大众的审查和攻击，教学革新也随之消退[②]。在20世纪60年代，有观点认为美国在科学和数学方面的教育导致了美国这个民族的失败。为了回应这种观点，项目方法经历了短暂的复兴。教育工作者再次对学生学习动机这一因素产生兴趣，他们认为“学生自主发现科学概念的那种惊喜，不仅会带来更有效的学习影响效果，也会激发学生更深层学习的欲望，因而会有更宝贵的发现”[③]。

历史发展轨迹显示出，教育方式在演进的过程中最经久不衰的不是名称，而是内涵。人们在对项目学习等各种学习方式的讨论中，与其说人们在教师中心与学生中心之间摇摆，在培养能力与激发兴趣之间摇摆，在知识逻辑与问题逻辑之

请读者思考

近一百年来对项目学习概念的认识一直在演进，你能感受到这些学者共同的追求是什么吗？

① DOUGLASS H R, Mills H H. Teaching in high school[M]. New York: Ronald Press, 1948: 209.

② 卡普拉罗. 基于项目的STEM学习：一种整合科学、技术、工程和数学的学习方式[M]. 上海：上海科技教育出版社，2016：20.

③ Tanner D, Tanner L N. Curriculum development[M]. New York: Macmillan Publishing, 1980: 403.

间摇摆，在直接经验与间接经验之间摇摆，不如说是逐步理清了这一组组的关系。

在这样的讨论下我们再来审视项目学习与其他学习方式的关系，可以认识到数学项目学习更注重在项目中学习数学，而不仅仅是已有数学知识的应用。同时，我们能进一步从历史发展中，站在哲学的角度理解为什么项目学习与其他学习方式有着很多相似之处。

下文将数学项目学习的概念与其他的概念加以区分，但在教学实践中，这种区分的意义并不是很大，原因是不同的学习方式的目的都是促进学生发展。项目学习与其他学习方式有交集，不是要教条地区分各个概念，而是要通过概念的讨论更加明确研究的重心。

（一）数学项目学习与基于问题的学习的比较

基于问题的学习通过设计吸引学生的问题来培养学生的思维，其中涵盖了多个思考点，此处的问题既包括良性问题也包括劣性问题。

1. 相同点

项目学习（Project Based Learning）与基于问题的学习（Problem Based Learning）具有相同的理念和方向，都是以解决问题为出发点，并且评价方式类似。从本质上看二者是一致的，没有明显的界限。许多课题研究本身就是以某种项目活动的形式实施的，因此可以把二者结合成一个共同的模式，这种模式被称为“基于任务的研究性学习”。

此外，现在还出现了基于场所的学习（Place Based Learning），指学生在一个特定地点，享有特定文化氛围，进行体验式学习。基于场所的学习应用于不同学科，常常发生在教室外甚至校外，强调学习与社会的融合，强调学生的社会参与和社会责任，促使其在整合性的学习中获得知识与素养的全面发展。

2. 不同点

项目学习通常以丰富多彩的作品形式呈现最终的成果，也就是学生在解决问题的基础上通过多种作品形式来表达。项目学习所要求的问题更复杂，而“基于问题解决的学习”则倾向于解决某一具体的问题，且前者所涉及的问题数目较多，而后者所涉及的问题较单一。此外，前者一定要有一个项目成果，后者则可有可无。

（二）数学项目学习与探究性学习的比较

探究性学习是指运用探究的方式进行的学习过程和活动，即学生在教师的指导下，主动发现问题，以一种类似科学研究的方法对问题进行分析和研究，从而达到解决问题和获得知识的过程与活动[①]。

1. 相同点

探究性学习与项目学习类似，都是运用探究的方式解决问题，体现了学生的主体性、学习的主动性，培养学生分析问题的能力与研究问题的意识。这与数学项目学习的理念相符。

2. 不同点

探究性学习强调对所学知识的灵活运用，要求利用所学知识解决生活中的问题，但数学项目学习旨在通过对生活实际问题的研究习得新的知识，二者对知识获得的因果顺序要求不同。另外，探究性学习只是突出了探究的过程，可以伴随在传统的教学

① 钟志贤.信息化教学模式[M].北京：教育科学出版社，2005：169.

当中，而项目学习则是一种全新的学习方式。

（三）数学项目学习与数学建模的比较

数学学科独有的广泛应用性特征使得数学课程中对建模非常重视。数学建模在国内外的研究历史很悠久，有很高的教育价值。

1. 相同点

数学项目学习与数学建模的最终目的都是解决实际问题，数学建模通过一系列步骤从模型假设到模型建立再到模型计算最终形成方案解决实际问题，而数学项目学习也是通过一系列过程解决问题，二者都有效地培养了模型思想。

2. 不同点

数学建模的目标是解决实际问题形成解决方案，要求数学建模者具备一定的知识基础，并能够灵活运用各种分析软件，同时具备除数学外的其他学科知识，对知识综合运用的要求较高。而数学项目学习强调在解决问题的过程中获取知识，对学习者的知识基础要求并不是很高，并且能够促进学习者对新知识的理解和掌握。

五、数学项目学习的学习论基础

项目学习是随着教育的改革与发展而产生的新的学习方式，其自身的理论也被一些主流的教育理论所影响，其中杜威的“做中学”理论、建构主义学习理论、现实数学教育理论等都对其产生了很大的影响，下面将仔细讨论这三大理论对项目学习理论的支持与影响。

（一）杜威的“做中学”理论

约翰·杜威（John Dewey）反对传统教育的课堂教学，提出从经验中学，或者说从“做中学”的观点。从“做中学”是一种科学的方法，是一种在经验的情境中思维的方法[①]。科学的方法又是人类思维反省的过程。可见杜威的学习理论强调学习的过程性，希望学生亲自经历学习的过程，对经验要求比较高，希望通过学习获得实用性的知识。“做中学”的教学有如下五个阶段：

第一，教师要创设学生感兴趣的活动；

第二，在创设的情境中，提出促使学生去思考的“真实的问题”；

第三，学生必须具有相关的知识，解决这些问题；

第四，学生必须具有解决这种问题的自己的想法，并将这些想法排列、整理；

第五，学生把设想的办法付诸实践，检验这种方法的可靠性[②]。

杜威主张“做中学”，强调学习者的主观经验，重视实用的知识。这在一定程度上再塑了项目学习的理念。在实践中也可以看出项目学习对学生参与和经验的重视，很多教师都能理解吸引人的、具有挑战性的项目对学生成长的价值，他们组织学生进行实地考察、实验室研究、跨学科活动等，丰富并拓宽学生的课堂内容。“做项目”在美国教育中已经是一个传统。而项目学习就是以“做中学”理论为基础发展变化的，也是对“做中学”的良好体现。结合这样的学习方式，能够有效促进学生对知识的理解

---

① 付云菲.弗赖登塔尔的数学教育思想研究[D].呼和浩特：内蒙古师范大学，2013：5.

② 杨修平.杜威的教育环境论：语境、梦境和困境——《民主主义与教育》相关章节的解读[J].当代教育科学，2020(3)：13-18.

和把握。

（二）建构主义学习理论

建构主义学习理论强调学习的主动性、真实性、社会性、情境性和多元性。皮亚杰（Jean Piaget）认为，学习是一种能动的建构过程。在他看来，学习并不是个体积累越来越多的外部信息，而是学到越来越多的有关他们认识事物的程序，即建构了新的认知结构。这不仅是原有认知结构的延续，而且是原有认知结构的改造和重组[①]。“2061计划”中学数学教材评估始终秉承这一理念，无论对于教材评估的假设，还是教材评估指标体系的构建环节，都处处体现了“以学生为中心”的理念，时刻追求促进学生的数学学习和发展[②]。可见建构主义理论强调对知识的建构过程，学生通过学习，将头脑中的原有结构变成新的认知结构，进而实现学习的过程。

建构主义学习观把知识的获取视为个体和社会、环境相互作用的建构过程，这种建构活动使主体的创造性、能动性、自主性得以充分展示和发展，从而促进学习者个性的发展[③]。可见建构主义理论还强调建构过程的多样性，主体能够通过多种因素相互作用来促进个性的发展。

基于多种理论，建构主义者提出了抛锚式教学模式、认知学徒教学模式和随机访取教学模式三种有效的教学模式。其中贾斯珀项目(Jasper Program)就是抛锚式教学模式的集中体现，该项目是美国温特贝尔大学认知与技术小组(Cognition and Technology

① 曹才翰，章建跃.数学教育心理学[M].北京：北京师范大学出版社，1999：59.

② 李孝诚，綦春霞，王瑞霖.美国初中数学教材评估及其启示[J].教育测量与评价，2012(1)：32-35.

③ 喻平.数学教育心理学[M].广西：广西教育出版社，2004：47.

Group，CTGV)开展的建构性学习案例研究。研究者通过设计贾斯珀历险的故事作为背景，让学生在这种背景中学习数学。这些故事以录像的形式真实展现，使学生身临其境，在相互讨论中解决问题和习得知识[①]。这种“抛锚式”教学与项目学习的理论有很大的相似之处，项目学习本身也需要一定的背景问题作为驱动来引发项目的发生和发展，因此建构主义理论对项目学习有一定的指导意义。

在教学中，建构主义主张把要学习的知识置于具有一定复杂性的问题情境中，分别着眼于不同的侧面，使学生对知识形成多角度、丰富的理解，从而使他们在面对各种问题时，能更容易激活这种知识，灵活利用它们解释新现象，顺利形成解决问题的方案。

通过问题解决来学习是建构主义对教学的核心思路，目前国内有一些相关的课题式教学，即针对课程内容设计出一个个教学单元——课题，每个课题围绕着一个具有启发性的问题展开，学生通过合作，讨论，分析问题，搜集资料，确定解决方案，直至解决问题。通过解决问题，使学生深刻理解相应的概念、原理，建立良好的知识结构。新旧经验的相互作用过程就是知识的建构过程。通过建构知识体系有效地促进学生学习。

贾斯珀项目也是项目学习的缩影，其设计的解决问题的过程与项目学习的过程有着很大的相似之处，而项目学习也是本着以学生为中心，体验学习的目的来设计和实施的。

---

① 喻平.数学教育心理学[M].广西：广西教育出版社,2004：158-160.

（三）现实数学教育理论

现代数学教育理论指出："数学是在数学化的过程中产生和发展的。数学作为一种活动的主要特征是数学化"[①]。荷兰著名数学家和数学教育家汉斯·弗赖登塔尔提出了现实数学教育理论，并给出了对数学化的理解，他表示："知识对非数学事物进行数学化以保证数学的应用，接着还应进到下一层次，至少能对数学事物进行局部组织……应当懂得，没有数学化就没有数学，没有公理化就没有公理体系，没有形式化也就没有形式体系……因此数学教学必须通过数学化来进行"[②]。他认为数学是经验常识的系统化，并且将夸美纽斯"教一个活动的最好方法是演示"进一步发展为"学一个活动的最好方法是做"，即在"做"中学习数学会是一种更好的体验。

张奠宙认为所谓"数学化"，是指人们在观察、认识和改造客观世界的过程中，运用数学的思想和方法来分析和研究客观世界的种种现象并加以整理和组织的过程。简单地说就是数学地组织现实世界的过程[③]。

通过以上的理论可以看出，数学化是数学学习必不可少的一部分，而数学项目学习是在一个具体、复杂、真实的情境下学习的过程，在这一过程中离不开从生活到数学的数学化过程，也充分体现了应用数学的眼光看世界的思想。

---

① 弗赖登塔尔.数学教育再探——在中国的讲学[M].刘意竹，杨刚，译.上海：上海教育出版社，1999：42.

② JONASSEN D H, LAND S M. Theoretical Foundations of Learning Environments [M]. New Jersey: Lawrence Erlbaum Associates, 2000：5-6.

③ 张奠宙.数学教育学[M].南昌:江西教育出版社,1996：192.

数学项目点子 4

运用图示表达

$1 + 2 + \cdots + n = \left(\frac{1}{2}\right)n(n+1)$,

$12 + 22 + \cdots + n^2 = \left(\frac{1}{6}\right)n(n+1)(2n+1)$,

$1^3 + 2^3 + \cdots + n^3 = (1 + 2 + \cdots + n)^2$,

你能找到其他不同的方式来证明这些式子吗？它们中最好的方法是哪个？

数学项目点子 5

用蒙特卡洛面积法估计 π 的值。即向含有内切圆的正方形区域进行模拟投掷，通过落点位置的比例估计 π 的值。

第二节 数学项目学习的价值

项目学习是以实际问题为背景，运用一系列的知识理论，通过不断分析、整合，最终解决实际问题的学习过程。它的教育价值很丰富，能够有效促进学生的能力发展，提高创新能力，增强合作意识，也有学者发现在项目学习过程中学生会更加主动、积极[①]。为了能够从贴近教师的方式进入话题，下面将分别从数与代数、图形与几何、统计与概率三个方面提供项目学习案例，通过案例使得数学项目学习更加具体化，并在此基础上解读数学项目学习的价值。

一、数与代数项目学习案例

生活离不开数学。购物是一个再普通不过的问题了，在这样的问题背景下，下面将通过超市购物引发数学思考，设计数学项目。希望通过本项目的学习，帮助学生初步学习方程及不等式的相关知识，培养一定的数感和运算能力，增强学生学习数学的兴趣，使其体会到数学与生活的紧密联系。

① MICHAEL M G. getting a grip on project-based learning: theory, cases and recommendations[J]. Meridian, 2002，5（1）：1-18.

案例7 智慧的消费者[①]

在生活中我们都离不开购物，那么在购物的过程中有怎样的数学问题呢？下面，让我们走进超市，一起研究其中的数学问题，做一名智慧的消费者吧！

任务一 满满的购物篮

1. 购置水果

不同的水果价格也不同。你想要买的水果单价是多少？买这种水果你花了多少钱？怎么计算的呢？

在这里你可能需要知道所买水果的质量，不妨去称重处仔细观察电子秤的示数，你有什么发现呢？

比一比哪种水果更便宜？

假设购买x kg苹果，超市中苹果的售价为5元/kg，经过称重计价发现所购买的苹果总价为12元。那么我们可以得到这样的数学关系式

$$5x=12。$$

注：像这样含有未知数的等式，叫作方程。在这个方程中，含有一个未知数，且未知数的次数是1，这样的方程叫作一元一次方程。

2. 购置牛奶

你喜欢哪个品牌的牛奶？不同品牌的牛奶价格也不同，请你调查超市中牛奶的价格，并谈谈你的发现。例如哪种牛奶的性价比最高等。

选一些你喜欢的牛奶，并预估购买这些牛奶需要多少钱。

① 项目设计者：李晨薇，北京师范大学朝阳附属中学。

3．购置蔬菜

请你帮助妈妈选购晚餐需要的蔬菜，仔细挑选超市里新鲜的蔬菜并称重。最后的价格是怎样得到的呢？你是怎样计算的呢？

4．购置零食

如果还有剩余的零钱，去买自己喜欢的零食吧！

注意观察各种零食的单价，并预估你想要买的零食的总价。

若零钱不足，你会选择哪种零食呢？

若想购买某种巧克力和糖果。其中巧克力的单价为x元/盒，糖果的单价为y元/盒。假设你有50元零钱，若购买两盒巧克力和一盒糖果刚好花掉所有零钱，若购买一盒巧克力和三盒糖果，也刚好花掉所有零钱。你能用数学语言来描述这些关系吗？

我们可以这样列式

$$\begin{cases} 2x+y=50, \\ x+3y=50。 \end{cases}$$

注：像这样，方程组中含有两个未知数，且含有每个未知数的项的次数都是1，并且一共有两个方程，这样的方程组叫作二元一次方程组。

你能确定巧克力和糖果的单价吗？

除此之外，你还有哪些数学发现？

任务二　钱足够用吗

你已经选购了很多商品，现在钱包里的钱够用吗？请你估计所购商品的总价。

如果你带了200元钱去超市，购置水果、牛奶和蔬菜后剩余一些钱，你可以拿着剩余的钱去买零食，你该如何搭配呢（也可以先预估剩余的钱数，直接去购买零食）？

零食的单价各不相同，可以做任意的搭配，那么你会选购哪些零食呢？

做出这样的搭配的依据是什么呢？这里涉及哪些数学知识呢？

在这里出现了花销多少的问题，“多”与“少”的问题常常蕴含着一种不等关系，请你仔细探究，找寻其中的数学问题。

任务三 开销计划

去超市购物时，为了合理开支，需要计划自己要购买的东西，你可以采用列清单的方法，在购置商品的时候提前估算价格，做到心中有数。

请你做一次购物的开销计划吧！

任务四 做智慧的消费者

我们在购物时要争取做一个智慧的消费者！用数学的眼光去看待购物问题，可以让头脑更清晰。

请你与大家分享自己的开销计划，并展开小组讨论，评价和分析不同的计划，并总结你的收获。

二、图形与几何项目学习案例

对于低年级的学生，引导其发现生活中的数学问题会大大增强他们的学习兴趣和求知欲望。家庭环境是学生最熟悉的场景，因此设计了装饰卧室这一项目。这样的项目背景能够贴近学生的生活实际，并且能够调动他们的学习兴趣和积极性。通过这一项目的学习，让学生感受到空间中的数学，培养其几何直观与空间观念；在设计卧室的过程中，发展学生的应用意识；在调查研究的过程中，培养学生的数据分析观念。卧室的设计涉及多个方面，也需要精打细算，在设计的过程中，可以培养学生的模型思想和创新意识。希望通过本项目的学习，使学生更多地关注生活、懂得生活、热爱生活。

案例8　装饰卧室[①]

家是温馨的港湾，是每个人心里最温暖的地方。我们都有自己独立的小空间——卧室。你的卧室是什么样的呢？对它的设计满意吗？如果给你一次机会，你会如何布置和装饰你的卧室呢？本项目将带你走进卧室的装饰设计，请你充分发挥想象力，并结合实际，设计出心目中最美的卧室。

任务一　卧室有多大

你的卧室有多大？卧室是三维空间，一般计算卧室的大小需要借助测量的方法，请你对卧室进行测量，确定它的大小。

任务二　铺设地板

卧室的地面铺有地板，并且没有空隙，实现密铺的效果。

请问你的卧室中地板的铺设面积是多大？如何合理地选取地板？

地板的材质不同，质量也不同，请调查不同地板的异同，并根据家中的情况，选择合适的地板。

若考虑经济问题，请根据调查得到的数据，判断哪些地板的性价比更高？

可以借助计算机来帮助你统计和分析数据。

---

① 项目设计者：李晨薇，北京师范大学朝阳附属中学。

任务三 选择墙纸

墙纸可以起到美化卧室的效果，如何选择墙纸？应该选择哪种墙纸？

所选择的墙纸如何粘贴到墙壁上？

从地面算起，墙纸所粘贴的高度为多少比较合适？

根据不同的墙纸类型，做出相应的预算，并比较哪一种更划算。

调查不同墙纸的款式和材质，比较其中的异同。

任务四 设计窗帘

窗帘是卧室中必不可少的装饰，那么选择什么样的窗帘比较合适（要考虑到窗帘的颜色、款式、厚度、数量)？

设计窗帘时首先要考虑窗户的大小，你的卧室窗户的尺寸是多少？

请估算窗帘的价格。

任务五 购置家具

家具是卧室中的必备品，包括床、书桌、衣柜等。

根据你的家庭特点和个人喜好，列出需要购置的家具清单。

请进行市场调查，找到各种家具的价格区间，同时，比较不同种类家具的价格，分析异同。

根据市场调查，估算按照清单购置家具所需要的开销。

任务六 精细装饰

很多人会在自己的卧室里放一些书籍、盆栽、玩具等精致的小物件，你希望自己的卧室里有哪些独特的装饰？

如果需要在墙壁上挂上挂件，挂在什么位置更美观呢？

根据自己的设计，列出购物清单。

如果不需要购置，你也可以自己动手制作喜欢的东西，向大家介绍你的成果，并分享你的操作过程。

任务七　预算总开销

装饰一间卧室需要很多程序，也需要很多设计，当然离不开装饰物的购买，请你对自己的设计做出总开销的预算。

如果购置了新物件，将这些物件的预算与实际价格进行对比，解释说明你的结果。

任务八　制作模型

你是否喜欢设计之后的卧室？不妨将你的设计用模型呈现出来吧！

利用计算机设计卧室的平面图或3D模型，也可以用彩色笔画出你对卧室的设计，并给出一定的文字介绍和设计理念。

根据自己的设计以及预算，对装修卧室提出合理化建议。

三、统计与概率项目学习案例

为了发展学生的数据分析观念，让学生体会到数据的收集、整理、统计和分析的过程，初步培养数感和符号意识，提高运算能力，让学生在生活中体会数学的广泛应用，在此设计了与快递有关的项目。希望通过本项目的学习能够提高学生处理数据的能力，使学生认识和理解样本与总体的关系，能够用样本估计总体，学会收集、统计及分析数据。本项目以贴近实际生活的问题为背景，以问题串的形式展开和引导项目的学习，通过小组合作的学习方式进行学习，培养学生的观察能力和分析问题的能力，促使学生细心观察周围的生活，体会生活中的数学。

案例9 运营快递公司[①]

随着社会的发展，网购渐渐成为购物的趋势，随之产生了很多电商、微商，这为物流业带来了繁荣。你寄过快递吗？如果你有一些物品需要寄送，你会选择哪种快递呢？如果你是快递公司的管理者你会如何运营一家快递公司呢？在运营前需要做一系列的社会调查工作。有关快递，有很多问题可以去调查和思考，本项目将带你走进快递的世界。

任务一 快递的发展

你周围有哪些快递站？这些快递站距离你家有多远？你了解快递的发展吗？请你调查身边的快递公司，尽可能多地了解有关快递的知识。

任务二 包裹的要求

很多人都有网购的经历，当我们拿到快递的包裹时会发现它打包得非常仔细，易碎物品在打包时会有很多防护措施，当我们邮寄包裹时，需要快递员帮忙打包，那么快递的包裹有哪些要求呢？请你做相应的调查和记录。你可以去和快递员交谈，也可以去快递公司咨询，这对你的调查有很大的帮助。

任务三 排序和分配

快递包裹是如何分类和排序的？

邮编和地址起到了什么作用？

一个快递包裹在快递公司分类需要多长时间？

加急快递怎样在很短的时间内到达指定目的地？

分销物流是如何组织的？有哪些管理流程？

① 项目设计者：李晨薇，北京师范大学朝阳附属中学。

你可以去物流公司调查，了解他们是如何工作的。

任务四　递送

如果一个城区大概有500 000人，那么大概需要多少快递员呢?

快递站是如何分布的?

你家附近是否有快递站?请调查其每日派送量，并计算人均派送量、各个时段派送量，比较、分析其中的相关性。

调查快递站每日收到的包裹数量和派送的包裹数量，了解快递公司的日常工作。

任务五　邮费

调查不同快递公司的收费情况，并画出关于质量和价格的图表来解释说明邮费问题。

基于上述数据进行统计分析，给出选择快递公司的依据和建议。邮寄质量不同的包裹的金额不同，但有很多人更注重时间、安全等一系列因素，根据调查，给出你的合理建议，与大家分享你的评判依据。

任务六　邮寄时间

邮寄包裹的最佳时间和最差时间是什么时候?

快递寄出后需要多长时间到达目的地?

任务七　设计运营方案

根据以上的调查和数据分析，相信你对快递也有了更多的了解。请根据你的调查，结合适当的资料，针对

请读者思考

设想让学生实施上述三个案例，学生的数学学习效果会有哪些提升?除了获得数学知识，学生还有什么收获?

快递公司的运营，尝试制订一份合理的方案，希望通过该方案起到便民的作用。

四、数学项目学习价值透视

（一）数学学习成效的提升

在谈及数学项目学习的价值时，往往被首肯的是项目学习中学生的积极性非常高，例如《剑桥学习科学手册》中犀利地指出即使是老师眼里的“好学生”也常常出现厌学情绪，项目学习可以重构这样的课堂现实①。但是，这种有目共睹的学习动机的提升在本书中不会单独讨论。项目学习是否能够提升学生的数学学习成绩？这是老师们最关心的。

在数学项目学习的相关研究中，首先需要聚焦项目学习对数学学习成效是否有促进作用。在 *The Effect of Project Based Learning in Ratio, Proportion and Percentage Unit on Mathematics Success and Attitude*②这篇文章中，研究者在“比、比例、百分比”相关知识的学习时运用了项目学习的方式，考察项目学习对数学学习成效及学习态度的作用。实验组采用项目学习法，对照组采用传统教学法，研究者运用“活动评价表”“自我评价表”和“学生观察表”等工具，对获得的数据运用统计程序进行了分析和解释。

项目学习的内容基于几份报告中的数据，学生需要分小组研

① 索耶. 剑桥学习科学手册[M]. 北京：教育科学出版社，2010：369.

② AHMET O, FILIZ Y, SEVDA G Y. The Effect of Project Based Learning inRatio, Proportion and Percentage Unit on Mathematics Success and Attitude[J]. European Journal of Science & Mathematics Education, 2015: 1–13.

读其中的“比、比例和百分比”等数据，根据每个小组领到的主题做出数据报告。教师会在为期三周的学习中跟进监控，帮助学生完成他们的研究，并收集过程性资料。其中涉及的数据收集工具包括：数学成绩测验（前测和后测）、数学态度量表（前测和后测）、项目学习档案、照片、项目评估标准表、学生观察表、自我评价表、活动评估表等。

研究发现，实验组的学生在学习成效上更为成功，学生进行项目学习有利于测验成绩的提高。在学习态度上，项目学习对学生的学习积极性有正向影响。

当然，研究中也发现了在组织项目学习时遇到的一些困难，例如学生人数宜控制在20~25之间；学生的分组要讲求技术性，努力把能融洽相处的学生结合起来；给学生的指导也是有效学习的基本保障；若能够善用计算机，学习的效率会更高。

在文章 *The Effect of Project Based Learning on the Statistical Literacy Levels of Student 8th Grade*①中，研究团队探讨了项目学习对八年级学生统计素养水平的影响。

他们以如下原则设计数学项目学习：

注重统计素养，培养统计思维，使用真实的数据；强调概念理解，而不仅仅是了解操作程序；在课堂中培养主动学习；使用技术促进对概念的理解，使用技术分析数据；整合与课程目标一致的评估，以改进和评估学生的学习。

在四周的时间里，用对照组和实验组的不同方式进行了统计教学，学生在真实情境中自己确定研究问题，选择变量，收集真实的数据并分析数据。

① Koparan T. Güven B. The Effect of Project Based Learning on the Statistical Literacy Levels of Student 8th Grade[J]. European journal of educational research，2014（3）：145-157.

这项研究旨在探讨项目学习对八年级学生统计素养水平的影响。目前的研究结果令人深受鼓舞，这项研究发现，在统计学教学中，项目学习比传统教学法更有效。学生对统计的理解更深刻、清晰，同时，这种以学生为中心的学习方式能激发学生的创造动机，增进学生和教师之间的互动与合作。

在数学与自然科学结合的项目学习中，学生巩固、概括和深化知识理解的价值也能突出地表现出来①。当然，还需要有大量的研究关注项目学习所带来的学习成效，我们能感受到的是，在短时间内项目学习会对学习态度有较大的影响，而对于纸笔考试成绩则需要长期积累才能够看到效果。

（二）问题解决能力的培养

问题解决能力提升的障碍是什么呢？最大的障碍是缺乏动机和无法完成问题解决环路。

项目学习的一个重要原则就是学生根据自身的兴趣来选择学习的主题和内容，学生对学习有充分的自主选择权利。由于学习的话题和内容是学生根据自身的兴趣和特长来选择的，所以自始至终学生都能保持高度的学习热情，他们会积极地探究，发现问题和解决问题。数学项目学习为学生提供了真实的问题情境，确保学生的学习是有意义的，也就解决了动机的问题。在大量信息中分析问题对学生有很大的挑战性，也激发了学习动机，学生的自主学习得以开展。

问题解决的环路指人们用来解决问题的一套思维加工过程。这套思维加工过程之所以构成一个环路是因为它是不断重复的：

---

① Luneeva, Olga L.Zakirova, Venera G. Integration of Mathematical and Natural-Science Knowledge in School Students' Project-Based Activity[J]. Eurasia Journal of Mathematics Science & Technology Education, 2017,13(6):2821-2840.

现在的解决办法中会生成新的问题。在这个环路中，各个思维步骤的顺序不是固定不变的。为达到解决问题的目的，人们可能会改变思维步骤。

项目学习中，教师有意识地引导学生思维加工的方向，可以帮助学生找到解决问题的有效环路。在项目学习中，要从一个问题情境出发，例如该如何进行装修，要克服许多障碍，达到最终目标，即解决这个问题。其中的决策需要从许多可能的方案中选择，或对不同的方案进行评估，如在你买得起的各种软装中选择一种最称心的款式。

斯腾伯格（R. J. Sternberg）对问题解决过程提出了自己的观点，他认为问题解决的主要技能包括：明确问题、分配资源、表征和组织信息、形成策略、问题解决监控策略、评估解决方案[①]。这六项技能既谈不上毫无遗漏，也做不到不相互重叠，但这些技能确实代表了人们在解决问题时最常使用的方法。

学生首先要明确问题，不仅要认识到问题的存在，还要能定义该问题是什么。之后进行信息的选择和表征，制定策略，以确保大家能按照信息的表征进行思维。优选策略可以提高问题解决的效率。学生在解决问题的过程中必须“跟踪”他们已经做了什么，要能意识到自己正在做什么，检查还有什么没做。他们还必须检验所使用的策略是否有助于问题的解决。如此看来，监控伴随着问题解决过程的始终，它保证问题解决沿着预想的方向前进。

（三）创造性思维的培养

培养具有创新精神的学生是我们的共识，也是深化基础教育

① 斯腾伯格.成功智力教学——提高学生的学习能力与学习成绩[M].张庆林，赵玉芳，译.北京：中国轻工业出版社，2002：48.

改革的一项重大任务。如何培养他们的创新能力？学校的课程体系和教学模式怎样适应创新人才培养的需要？

美国心理学家兰祖利和里斯在《丰富教学模式》中提出：创造力包括：（1）在思想上具有流畅、变通以及独创性。（2）经验的开放，也就是对新的以及不一样的东西能保持接受的态度。（3）好奇的、慎思的、冒险的，并且在心智上是顽皮的，在想法或行动上愿意去冒险，遇阻碍亦是如此。（4）对于构想或事情的细节，有精致、审美、敏感的特质。①

在课程设置上，亟须一些实验操作性和思考推理性并重的课程，亟须文理交融的课程，以发展学生的创造力。项目学习一方面加深了学生对知识的理解，另一方面提高了学生的工作专注度，塑造了他们解决问题的自信，并且能够给他们更多的空间去把握某领域新的发展方向，这些都可以为创造力奠基。

在教学中，大多数教师希望发展学生的创造力，但却不清楚如何去做。项目学习中，学生需要重新明确研究问题，在不确定中进行探究，不断审视自己的策略，这些经历无疑会有助于学生创造力的培养。创造性思维和见解往往来自跨学科知识的整合，而不是对单学科知识的背诵和记忆。

由于项目学习的学习内容并不是书本上已有的知识，而是现实生活中的一些实际问题，所以学生需要创造性地利用所学的知识与技能来解决问题。因此项目学习为学生创造了一种发挥创造力的宽松环境，以及激发创造力的学习机会，为学生创造了充分开发自身智慧的潜能。

当然，对创造力的考核很难通过纸笔测验来实现，给学生提

① 兰祖利，里斯. 丰富教学模式——一本关于优质教育的指导书[M]华华，译. 上海：华东师范大学出版社, 2000.

出问题并考核他们对问题的解决是一种可行的方式，虽然可能会丧失客观性，但是当我们的教育视野变得开阔，客观的答案便不再是我们的唯一追求。

数学项目点子6

请设计可以密铺的墙纸，要求设计方案超过10种，并说明每种设计方案有何不同。请你结合埃舍尔（Escher）的工作研究这个问题的历史发展和数学原理。

数学项目点子7

动手做一个万花筒，通过网络资源研究万花筒的历史，并试着理解对称中的数学。

第三节 数学项目学习的类别

在研究项目学习的发展历程中，大家对项目学习的类型所做的讨论甚少，其原因既可以理解为项目学习的形式过多难以归类，也可以理解为分类不是教育研究的目的，更好地开发项目并实施项目才是教育工作者所追求的。无论如何，在此适当地对项目进行分类，即使不够完美，也是走进数学项目学习重要的一步。

其实克伯屈当年就已经制定了项目领域的类型学，涵盖了很多不同类型的项目，有通过解决数学问题而建造机器的项目，有学习法语单词的项目，有看日出的项目，有听贝多芬奏鸣曲的项目等。他所倡导的传统的项目如烤蛋糕、种玉米、建书架等，这些“项目”可以被概述为非常实用的项目，有的是在自然情境中提出需要学生解决的问题，有的涉及具体材料的使用，有的是一种有建设性的活动。

在《多元智能与项目学习——活动设计指导》一书中，作者基于多元智能理论和新兴的脑科学研究，探讨了项目学习的可能途径。书中，作者从泛学科的角度提出了五种类型的项目，包括结构式项目、主题式项目、体裁式项目、模版式项目和开放式项目[①]。

如同所有的分类一样，大家都会对自己的分类加以说明，指出这些并没有包含所有的项目类别，而且一些项目也可能包含于这其中的多种类别。所有这些说明都无可厚非，分类只是帮我们

① 贝尔曼. 多元智能与项目学习——活动设计指导[M]. 王成全，译. 北京：中国轻工业出版社，2004：3-8.

去认识项目和进一步设计项目提供了一种思考的方式。

结构式项目侧重让学生去设计符合一定标准的产品，这其中的结构特指这些产品应当具备的标准。主题式项目侧重让学生对学习单元进行拓展，由学生自主选择主题或者教师布置主题，根据与主题相关的资料分析、整理、综合形成一个最终的产品。主题式项目与我们日常所见的数学学习更为贴近，我们常常会利用海报、书面报告、小论文等展示对问题的理解。当然在这类项目中，更考验学生如何能够超越这些主题，完成一些有挑战性的任务。体裁式项目是一种偏向制作类的项目，要求学生制作出符合某种关键要素或关键特征的产品，学生在制作的过程中，可以发挥自己的创造性和主动性，在其中也着重体现了学生对关键要素和关键特征的深入理解。这类项目的开放性很强，空间也非常充足。模板式项目是建立在已经做好的材料基础之上的项目，在做这类项目时，学生必须参照这一模板来进行。例如，我们已经给学生呈现一份标准的数学阅读报告，学生根据这样的指南来进行数学阅读，可以被视为一种模板式项目。当然，即使有了特定的指南，学生也有自己的想象空间和个性化的创造。开放式项目更倾向于鼓励学生去进行革新、冒险和创造，学生可以在不熟悉的对象中提升自己的发散性思维，很多日常生活中的发明来源于个人所从事的开放性项目。

下面我们会将数学项目学习分为四大类，包括社会性项目、生活性项目、数学性项目和学科交叉项目。本节将分别呈现较为完整的数学项目学习案例，本书中的其他案例基本可以归为上述四类，尤其以前三类为主。

请读者思考

从数学学科的角度，你能想到哪些不同类型的项目呢？

一、社会性项目

（一）在项目学习中走入社会

随着信息社会的飞速发展，项目学习这种新兴的教与学的方式越来越受到人们的关注，其理论和实践成果更是不断地丰富起来。《义务教育数学课程标准（2011年版）》针对不同学段，明确提出了各学段应达到的问题解决能力目标[①]。新课程所提倡的学习方式，也由片面地追求某一种学习方式逐渐转变成为融合多种学习的新型深层学习法。这种学习方式要求学习者自发地、主动地合作与探究。项目学习作为一种建设性问题解决活动，有助于这种深层次学习方式的实现[②]。

项目学习在数学教学中有着积极的作用，与数学学科的结合是切实可行的。事实上，数学知识不仅来源于数学系统内部，也来源于社会。数学知识的应用不单是在数学内部应用，更主要的应用是解释或解决实际问题，帮助人们用数学的眼光来看待社会。项目学习以项目式的问题解决活动为主线，沟通社会中的数学与课堂上的数学，解决社会中有研究价值的问题，使数学在学生未来的职业和社会生活中发挥重要作用[③]。在项目学习的过程中，学生往往不是单一地接触某个领域，而是要将多门学科综合起来，运用多种能力，使用现代科技手段进行分析、研究，才能解决现实世界中的问题。通过这种学习方式，学生能够接触到各

---

① 中华人民共和国教育部.义务教育数学课程标准（2011年版）[S].北京师范大学出版社，2012：10-15.

② 张春晖.项目学习在数学教学中的作用[J].山西财经大学学报，2012,34（4）：205.

③ 张春晖.项目学习在数学教学中的作用[J].山西财经大学学报，2012，34（4）：205.

个学科领域，使他们更容易理解某一学科的概念，并且能够更好地体会到不同学科是如何相互联系和相互支持的。它能够激发学生的学习兴趣，促进学生主动参与数学学习；能够启迪思维，引导学生探寻解决问题的策略；能够帮助学生总结经验，发展批判性思维。

项目学习以真实、独立的项目为基础，以学生认知水平为参考，结合学科知识，以贴近学生生活的问题为内容，鼓励学生自由发挥，从而掌握学科知识以及应用学科知识解决问题。在这个过程中，学生在课堂上不再只是“听者”，而是课堂上真正的“参与者”与“实践者”，实现在学习过程中培养学生解决社会问题的能力的教育目标，让学生在项目学习中融入社会。

（二）社会性项目学习案例

案例10　营销顾问——为手机卖场谏言献策①

项目背景：

近40年来，随着人民生活水平逐渐提高，消费结构产生了巨大变化，主要消费去向由原来的食物储备转向了休闲娱乐，其中手机为必备支出。手机成为人们联系工作、沟通感情的重要工具。中国人口众多，自然也是使用手机的大国。自从智能手机诞生以来，手机更新换代的速度越来越快，和手机相关的很多问题便随之而来，为手机的销售带来了更为广阔的市场。现在，手机卖场老板正在征集经营策略，请你帮助老板拟订适合的方案。

任务一：你对手机卖场了解多少？你对它还有哪些期待？

任务二：如果在你家附近经营一家手机卖场。请你调查不同

① 王瑞霖，张歆祺，刘颖.搭建课堂与社会的桥梁：社会性数学项目学习研究[J].数学通报，2016，55（10）：25-28.

消费群体对不同价位、不同品牌的手机的偏好。如果你要购买一部手机，主要考虑什么因素呢？请你根据实际情况，与同学组成调查小组，设计一个方案。

任务三：接下来，要确定这家手机卖场的营业时间。你觉得还应该考虑哪些问题？在这些问题中，选一个你们小组最感兴趣的问题，试着设计合理的方案并实施。

任务四：请基于经营手机卖场的背景设计一个你感兴趣的问题，并制订合理的解决方案。

任务五：反思整个学习过程，你遇到了哪些困难？你是怎样解决的？你在学习过程中有哪些收获？

（三）案例分析

1. 项目主线解读

由于学生对电子产品特别是智能手机比较感兴趣，所以本课题以手机销售情况为研究基础开展项目学习，开放性很强。同时由于它贴近学生生活，问题设置符合学生思维能力的“最近发展区”，因此具有教学价值。

教师在布置任务时要注意启发学生，针对购买手机的问题，应有全方位的考量。在这个过程中，有以下几个问题必须要求学生进行深度思考：

问题1　在收集数据之前，要思考收集哪些方面的数据。

问题2　要统计哪些数据才能达到我们的目的？

问题3　应该采用怎样的方式来收集数据？

问题4　根据需要，怎样整理才能使得到的数据最有效？

问题5　根据这些数据能够得出什么结论？

通过这样的方式，学生能够主动发现问题，提出问题，从而解决问题。

2. 知识与技能解读

这个项目的落脚点以统计学知识为主，涉及问题设计、数据收集、数据整理、数据统计几个方面，其核心为抽样与数据分析，适合学生在学习完相关统计学知识之后进行。在数学课堂上获得知识后应用于问题解决中去，有利于学生巩固并掌握所学知识。这一形式既辅助了常规教学，又活跃了整个教学结构。

任务二首先要求学生对不同消费群体进行调查。在进行正式调查统计之前，学生必须要考虑清楚所要调查的问题是什么。如果想知道不同群体的消费偏好，就要知道他们购买一部手机主要考虑哪些方面。学生一开始很有可能没有想法，不妨引导学生从自身出发进行考虑。面对庞大的消费群体，调查的方式很容易就能确定为抽样调查，那么按照怎样的比例抽样、在什么范围内抽样是学生接下来要考虑的问题。当调查的方式和内容都落实之后，学生便可以去调查并收集数据，第二个挑战就此开始。当收集到大量的数据之后，学生就要考虑用合理的方式将其表示出来，针对不同的调查目标，统计图表的选择也要经过仔细的考虑。最后，学生要利用统计图表和统计方法对收集到的数据进行分析、处理、做出决策，制订出为手机卖场老板提出的合理经营策略。

本项目学习活动可以分为确定任务、调查并收集数据、统计整理、统计分析和统计应用五个过程，其课程内容与项目体现如下表所示：

表2-1 手机卖场项目解读

	课程内容	项目体现
确定任务	体会抽样的必要性，通过实例了解简单随机抽样。	分析调查问题和调查方式，确定样本数量。
调查并收集数据	经历收集、整理、描述和分析数据的活动，了解数据处理的过程。	对小区居民展开调查，记录数据和信息。
统计整理	能用计算器处理较为复杂的数据； 会制作扇形统计图，能用统计图直观、有效地描述数据； 理解平均数的意义，能计算中位数、众数、加权平均数，了解它们是对数据集中趋势的描述； 了解频数和频数分布的统计意义，能画出频数分布直方图，能利用频数分布直方图解释数据中蕴含的信息； 体会方差是刻画数据离散程度的量，体会其统计意义，会计算简单数据的方差。	分析并处理调查所获得的数据和信息。
统计分析	体会样本与总体的关系，知道可以通过样本平均数、样本方差推断总体平均数和总体方差。	按不同消费群体进行分析，找出普遍影响他们购买手机的主要因素； 根据这些因素讨论市场上有哪些手机可以满足人们的需求。

（续表）

	课程内容	项目体现
统计应用	能解释统计结果，根据结果做出简单的判断和预测，并能进行交流； 通过表格、折线图、趋势图等，感受随机现象的变化趋势。	讨论对于不同的消费群体，应该选择销售什么价位、什么品牌的手机； 分析策略的可行性； 估测利润； 思考是否有不可避免的弊端。

此外，项目还用到了一种重要的数学思维，即问题最优化。针对已知的方案，选择对自己有利的条件，进行进一步规划，从而得到问题的最优解。当然，针对最优解的解释和立足点也可能因人而异。在这个过程中，还能训练学生用数学方法解决社会问题的能力与意识，展现了数学学科在生活中的应用价值。

3. 团队活动价值解读

首先，学生要设计好项目操作的几大环节，不同的环节可以自行调整，要针对所设想的结论，全面考虑数据收集、处理的工作，从而顺利地解决问题。解决这个项目的工作量是十分庞大的，要设计数据的调查方式、内容，还要通过合理可行的方式去实施，进而分析所得到的大量数据。为保证结果的可靠性，学生会在调查中投入大量的时间和精力。如果仅由个人单独完成，高额的时间成本对项目的实施和结果都是不利的。因此，需要学生之间的分工合作，这就促成了学生的团队协作。

4. 个体价值解读

任务的特点决定了必须依赖团队合作，但项目同样为学生提供了个性化思考和实现个体价值的广阔空间。任务四给了学生施展个人价值的平台，在教师设定的两个任务中，很有可能并不是学生感兴趣的问题。在经营手机卖场的大环境下，学生可能有各种各样的个性化考虑。例如，职员的雇佣、可行的促销方案、商品的摆放方式、与周围商家的合作……每个问题几乎都不可能在班级范围内再次实施，而且学生所提出的问题往往会超出教师的预想。将他们的想象力充分发挥出来，会更好地促进个人的发展。

在项目的展示环节，学生要将自己的成果在班级范围内进行展示，需要将每个成员所做的工作归纳汇总，交流每个细节的设计意图，并说明自己的优势，反思自己的不足，分析其他小组的优劣。经过这一系列的活动，不同团队的学生都能得到提高。

5. 学习成果解读

正如前文所述，项目的设计并没有设定每个任务的“标准答案”。如任务一和任务二引导问题的设计，从根本上讲，每名学生对手机的消费观都是不一样的，不能拿统一的标准去衡量，不必评价不同的消费观，必须承认学生的个性。但这个任务的提出，促使学生反思自己购买手机时所考虑的因素，培养他们理性的消费观。

学生按照自己的想法，设计各自的方案，只要合情合理，就起到了数学项目学习的作用。在项目学习的过程中教师要尽可能让学生自主学习，不要给予过多的指导，要留给学生更大的空间和自由度去完成任务。比起以传统讲授为主的课堂，学生在项目学习中更能充分发挥自己的聪明才智，利用已有的知识、技能、经验，设计出合理、周密的解决问题的方案。

在项目的评价阶段，结合以下几个方面按从A~D的水平打分：

（1）调查问题设计的合理性；

（2）调查方式的科学性；

（3）样本的代表性；

（4）统计图表的应用程度；

（5）统计报告的价值；

（6）向卖场老板提出的策略的可行性；

（7）成果展示的流畅性；

（8）反思过程的真诚度和完整性。

虽然学生所提出的最后设计方案并不一定是最好的，但是学生通过自己的思考，能够逐步发现方案的不足，从而改善方案——这是学习中最大的收获——学生既能够习得多维度思考问题的能力，获得解决问题的动力，又能培养出自省的良好的学习习惯。以小组评价的形式，以学生成长历程为重心，所得的评价结果一方面是对学生学习过程的肯定，另一方面也是学生继续学习的激励，为学生一生的成长奠定良好的基础。

6. 社会化成长成果解读

在调查过程中很有可能遭到调查对象的拒绝，这给学生带来了很大的心理挑战。在家庭和学校中，家长和教师对他们的需求几乎是有求必应的，但他们一旦步入社会，就要去适应社会的发展趋势，不再有人无条件地满足他们的需求，照顾他们的感受。学生在数据收集阶段走出课堂，与未来要面对的社会环境“亲密接触”，为学生得到社会化成长提供了机会。

另外，本课题以手机营销为情境，反映了社会进步和人们价值理念的变迁。学生通过调查可以发现，5至10岁的儿童和50岁以上的中老年人拥有手机的比例也很高，说明手机的使用越来越普及。调查发现某一年龄段的人群所使用的手机价格较高，这一现象背后的原因是什么呢？是因为价格高的手机质量好，还是品牌带来的高附加值呢？有的学生发现某些群体更换手机的频率很快，那手机的平均使用寿命大概是多长时间呢？大量被淘汰下来的旧手机，又会被消费者怎样处理呢？它们的去向又会如何？怎样处理这些淘汰下来的手机电池才不至于造成环境污染？如果有闲置手机，那么是否可以利用这些闲置的手机呢？学生可以针对在调查中发现的各种现象做出合理猜测，同时也可以进行更进一步的调查，加深自己对社会的认识。

在教学的过程中，教师最应关心的问题是能否激发或如何激发学生的学习动机[①]。学生缺乏学习动机的一个主要原因是课堂的知识离他们生活的世界太远了，无法建立起他们与社会生活之间的桥梁，潜移默化地导致学生认为课堂的知识对他们将来的生活是无用的。而实际上，社会生活中的许多具体问题都能在课堂上找到答案，教学完全可以从社会生活入手再落脚到知识。数学项目学习的创设与开展就极大地体现了这一点。通过项目学习进行的一系列学习活动，对学生全方位理解和认识社会有着积极的作用，能够引导学生应用所学知识研究问题，能够使学生用科学的方法和辩证的思维去看待社会现象。在项目学习解决生活问题的过程中，学生不仅要学习和掌握相关知识，更要培养解决问题的能力，经历发现问题，提出问题，分析问题，解决问题的全过程，无论是在思维层面还是能力层面，都为学生搭建起了一座学

① 柯普兰. 儿童怎样学习数学——皮亚杰研究的教育意义[M]. 李其维，康清镳，译. 上海：上海教育出版社，1985.

科和社会之间的坚实桥梁。

二、生活性项目

（一）项目学习源自生活

项目学习来源于生活，这是项目学习的重要特点，也是项目学习得以发展的基础。“项目”既可以来源于学生自己的生活，也可以来源于社会生活，其首要目的是通过学生感兴趣的生活现象，把学生组织到教学中，创建丰富而真实的学习活动场景，使学生在实践的过程中亲身体验现实世界，进而学会知识，提升能力。

数学项目学习打破了数学课程与学生现实生活之间的界限，使数学课程真正走入学生的现实生活，让学生在现实生活中发现数学、建构认知，让学生真切地感受到数学课程就在现实生活中。数学项目学习为实现教学内容的生活化和教学方式的多样化提供了新的选择，也给学生自主学习、合作学习和探究学习创设了生动的环境。

有学者认为，项目学习的基本特点是：学习情境真实而具体；学习内容综合而开放；学习途径多样而协同；学习手段数字化、网络化；学习收获多面而有个性[①]。下面就“出租车费用研究”的项目学习案例探讨以上特点，并从对案例的分析评价中体会如何开展基于生活的数学项目学习。

---

① 刘云生.项目学习——信息时代重要的学习方式[J].中国教育学刊，2002（2）：36-38.

（续表）

序号	无音乐	重金属	古典	电子
23	0.305	0.321	0.317	0.319
24	0.294	0.291	0.307	0.311
25	0.312	0.324	0.331	0.322
26	0.232	0.253	0.221	0.257
27	0.305	0.298	0.365	0.341
28	0.295	0.317	0.331	0.354
29	0.349	0.362	0.337	0.358
30	0.287	0.306	0.325	0.318

（三）案例分析

从本项目学习案例可知，生活中的许多实际问题都与课程内容有着内在的联系。在解决生活实际问题的过程中，学生不仅要学习和掌握相关知识，还要培养解决问题的能力，经历发现问题、提出问题、分析问题、解决问题的情感态度过程，学习活动因循自然而发生。因此，项目学习是源自生活，以生活实际为背景的学习。

“出租车费用研究”的项目学习案例体现出数学项目学习的如下基本特点：

首先，项目学习着眼于解决生活中的实际问题。本项目起源于生活中的实际问题，并对实际问题进行数学建模和求解。在比较乘坐出租车与私家车出行的交通费用过程中，涉及非常现实的问题，如怎样测量两地之间的距离？如何根据里程计算乘坐出租车的费用？如何计算购买私家车的基本费用？如何在道路拥堵的情况下考虑交通费用？等等。这些问题都非常现实，且与学生所学的内容紧密相关。

其次，项目学习所运用的数学知识是综合性的。在几个任务中涉及了测量、分类讨论、分段函数、数据的分析和处理等内容，并多次利用字母和表格来表示和整理数据，使数据之间存在的内在联系清晰可见，将数学的符号语言和图形语言渗透在问题的分析和解决过程中，使学生在联系与综合中实现对知识的理解。

再次，项目学习的手段数字化、网络化。在项目最初，就需要学生利用互联网地图或纸质地图测量距离。无论学生选用哪种手段测量，都会对比例尺、信息工具的使用有进一步的认识和体验。在分析拥堵路况的行驶时间时，学生也可以利用互联网查阅资料，这种利用信息技术的学习方式提高了项目学习的效率。

最后，项目学习为学生创设开放的思考空间。任务二和任务三中，都对乘坐出租车和私家车的交通费进行了分析，并给学生抛出一个比较开放的最优化问题。这个最优化解决方案的评价标准并不唯一，这也体现了本项目的开放性特点。学生可以从某一方面或者综合多方面考虑如何提建议，这给学生的思考提供了更充裕、更自由的空间，有利于学生的创造性和个性的发展。

在课堂上以此案例为基础进行数学项目学习时，学生也有了进一步的研究，在此呈现两份学生的项目成果示例。

出租车计价问题①

很多人都认为数学是一门枯燥的学科，怎么学都学不明白。的确，因为数学理论性很强，所以需要很多抽象思考。但是数学并不是极端抽象的。相反，数学在生活中处处可见，例如今天我为大家讲的出租车计价问题，它可以帮助你节约不必要的费用，

① 作者：袁也，北京一零一中学；指导教师：张迎春，北京一零一中学。

合理安排出行，也可以让你充分体会到数学的乐趣，同时掌握数学知识。那么就由我来带大家走进美丽的数学世界吧！

问题探讨：A市出租车起步价13元，3 km后每千米为2.3元。试问在A市乘坐出租车行驶6 km的费用是多少元？如果行驶了x（$x>3$）km，费用又是多少？

建模分析：首先，我们需要抓住题目中的关键量，确定用来建模的函数。

关键量：起步价13元（3 km以内）；3 km以后每千米2.3元。

题目中有两个变量，分别是：路程、总费用，且总费用随着路程的增大而增大，这是一次函数的基本特征，所以显而易见，这道题应该利用一次函数建立数学模型。

根据题意得，总费用=起步价+（总路程-起步价可行驶路程）×每千米的单价。

设总路程为x km，总费用为M元，起步价为a元，每千米单价为b元，起步价可行驶路程为c km。

那么将字母带入上面公式，得：

$$M=a+(x-c)\cdot b,$$

当$a=13$，$b=2.3$，$c=3$，$x=6$时，$M=13+(6-3)\times2.3=19.9$，

所以出租车行驶6 km所需要的费用为19.9元。

推广到一般情况，当行驶路程为x（$x>3$）km时，

$$M=13+(x-3)\times2.3=6.1+2.3x,$$

当行驶路程为x km时，需分类讨论。

当$x>3$时，总费用为$6.1+2.3x$，

当$x\leqslant3$时，总费用为13，

其实这就是一个分段的一次函数。

设总费用为y，则

$$y=6.1+2.3x\ (x>3)$$

$$y=13\ (x\leqslant 3)$$

其图象为

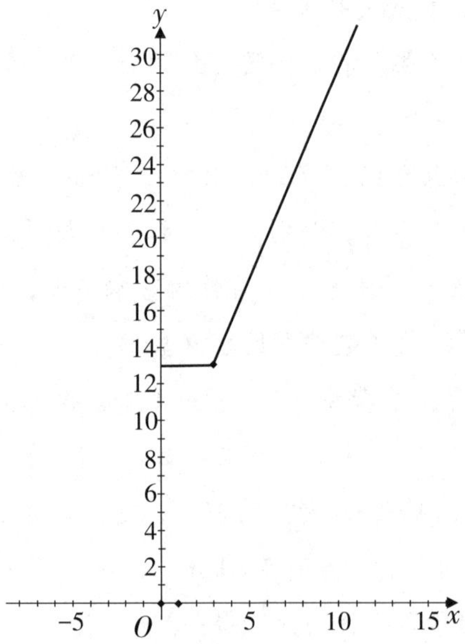

本模型也可以推广到其他情况。

用Excel制作表格，只需将题目信息填入表格中，表格可自动计算。

出租车计费				
起步价a	总公里数x	基价里程c	单价b	总费用M
13	6	3	2.3	19.9

总结：建模是解决数学问题最常见和最有效的方法。在日常生活中，当我们遇到一些数学问题时，我们应该运用所学的数学知识，建立适当的数学模型，来解决实际问题。

因此，无论什么实际问题，只要运用所学的数学知识，建立正确的数学模型，都会迎刃而解。这也说明了数学在我们生活中的重要性。

北京白天乘坐出租车与私家车的费用比较①

【摘要】北京是中国的首都，一个发达的大城市，很多人出行时乘坐出租车或私家车，本文通过假设路程等因素为常量，来比较一下乘坐出租车和私家车哪个更实惠。

【关键词】北京　白天　出租车　私家车　价格对比

1．建模目的

比较在北京白天出行乘坐出租车和私家车哪个更实惠。

2．建模

通过上网查阅资料，获得北京出租车价位表如下：

收费项目	收费标准
起步价（3 km以内收费）	13元
基本单价（里程大于3 km）	2.3元/km
低速行驶费和等候费	根据乘客要求停车等候或由于道路条件限制，时速低于12 km时，早晚高峰期间每5 min加收2 km租价（不含空驶费），其他时段加收1 km租价（不含空驶费）。

① 作者：乔世琛，北京市101中学；指导教师：张迎春，北京市101中学。

（续表）

收费项目	收费标准
预约叫车服务费	提前4 h以上预约每次6元，4 h以内预约每次5元。
空驶费	单程载客行驶超过15 km部分，基本单价加收50%的费用；往返载客（即起点和终点在2 km（含）范围以内）不加收空驶费。
夜间收费	23:00（含）至次日5:00（不含）运营时，基本单价加收20%的费用。
合乘收费	合乘里程部分，按非合乘情况下金额的60%付费。
燃油附加费	1元/运次。
备注： 1. 早高峰为7:00（含）~9:00（不含）；晚高峰为17:00（含）~19:00（不含）。 2. 出租车计价段里程精确到500 m，时间精确到2.5 min；出租车收费结算以元为单位，元以下四舍五入。 3. 过路、过桥费由乘客负担。 4. 按日结算的包车及出北京行政区域的客运业务收费实行市场调节价。	

汽油价格以2015年2月3日北京95号汽油油价6.15元/升为准，私家车平均油耗以8.6 L/100 km为准，分别计算不同里程情况下两种出行方式所需费用，建立模型，进行比较（燃油附加费已经取消）。

3．讨论

在路程为n km的情况下。

假设私家车可以开10年，可行驶里程为100 000 km，车价为100 000元，在10年内保养维修需25 000+16 000×9=169 000（元）；

则平均每千米价格（不考虑油费）为

（100 000+169 000）÷100 000=2.69（元）。

因北京城内车辆众多，堵车现象频发，假设20%的时间属于低速行驶（时速低于12 km），全程平均时速20 km。

（1）当$n\leqslant 3$时，

出租车费为13元，

私家车费用为$6.15\times 8.6\div 100\times 3\approx 1.59$（元），

结论一：当$n\leqslant 3$时乘坐私家车更实惠（范围内无等价情况）。

（2）当$n>3$，且$n\leqslant 15$时，

出租车费为

$$13+2.3(n-3)+n\div 20\times 60\times 20\%\div 5\times 2.3\approx 6.1+2.58n\text{（元）},$$

私家车费用为$6.15\times 8.6\div 100\times n\approx 0.53n$（元）。

结论二：当$n>3$，且$n\leqslant 15$时乘坐私家车更实惠（范围内无等价情况）。

（3）当$n>15$时，

出租车费为$13+2.3\times 12+2.3(n-15)\times 150\%+n\div 20\times 60\times 20\%\div 5\times 2.3=(3.73n-11.15)$（元），

私家车费用为$6.15\times 8.6\div 100n+2.69n\approx 3.22n$（元），

设所花费用相同，则$3.73n-11.15=3.22n$，

解得$n\approx 22$。

结论三：当$n>22$时乘坐出租车更实惠。

4．结论

北京市民在白天（5:00至23:00）出行时，如果里程小于22 km乘坐私家车更实惠，而更远的距离还是乘坐出租车比较实惠。

但是，当大家没有急事或没有过多随身物品时，还是建议选

择地铁、公共汽车、自行车等绿色环保的出行方式，让北京的天变得更蓝！

三、数学性项目

（一）项目学习以数学为落脚点

数学项目学习中，项目是开展学习的依托，整个学习过程完全融入一个真实的项目之中，学生在做项目的同时，被吸引着、引导着，并最终解决这个与他们生活联系密切的问题。项目将一些零碎的知识片段贯通起来，既强调知识的完整性和系统性，又体现出其是值得学生进行深度探究、学生有能力进行探究的知识[①]。以项目为主线，以知识为落脚点。顺着项目的解决过程，学生既体会了以项目为主线的学习乐趣，又习得了为未来生活提供有力依据的知识根基——这便是项目学习在内容上的融合策略。

（二）数学性项目学习示例

案例13　自制“多角形数”创意日历[②]

参考书目：CONWAY J H, GUY R K. The Book of Numbers[M]. New York：Springer, 1996：27–43.

一、任务目录

任务一　探究正方形数、三角形数及多角形数。

任务二　利用多角形数自制一个日历。

① 刘景福，钟志贤. 基于项目的学习（PBL）模式研究[J]. 外国教育研究，2002，29（11）：18–22.

② 项目设计者：于千，郑东新区心怡路小学。

二、学习目标

通过探究正方形数、三角形数及多角形数，能够结合图形，从简单的情况出发，发现一定的数学规律，用n分别表示正方形数、三角形数、五角形数、六角形数、中心六角形数，并将它们从二维空间拓展到三维空间，在有趣的数学情境中体会字母代替数的意义。

通过利用多角形数自制日历，锻炼学生的动手能力，激发学生的学习兴趣，体会数学之美。

三、教学内容

任务一 探究正方形数、三角形数及多角形数

（一）学习目标

探究正方形数、三角形数及多角形数，能够结合图形找到数学规律，将其用字母表示出来，并研究它们在三维空间中的情况。

（二）所需材料

学习卡片：印有三角形数、正方形数圆点的彩色卡片。

（三）学习环节

活动1 探究正方形数

我们把自然数按照一定的规律排列起来，会有一些神奇的发现。我们知道能写成某个整数的平方的数叫作平方数，比如：1，4，9，16……它在几何上还有一个解释：一定数目的圆点在等距离的排列下可以构成正方形，那么这些圆点的数目叫作正方形数，如下图。

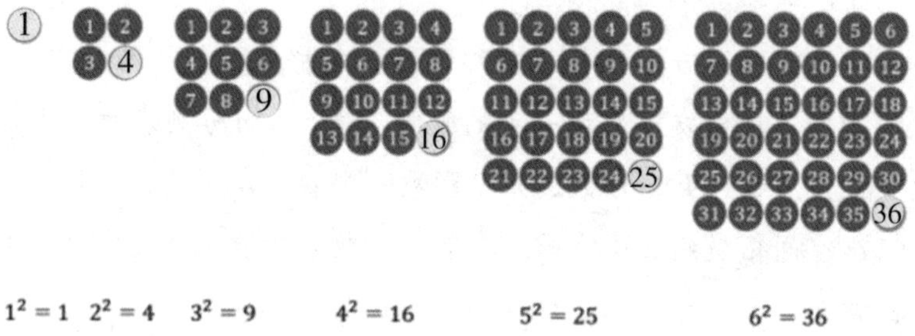

思考：如果正方形数很大，你能表示出来吗？

活动2 探究三角形数

假设一定数目的点在等距离的排列下可以构成等边三角形，这些点的数目可以是多少？

问题 写出下面每个三角形中圆点的个数，这些数有什么规律？如果很大的话，该如何表示这些数呢？

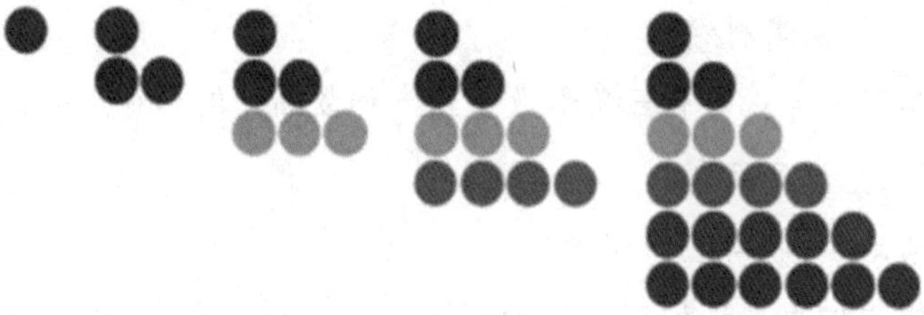

活动3 探究多角形数

问题1 回想一下得到三角形数和正方形数的过程，怎样才能得到五角形数，六角形数呢？请用你自己的方法来构建。

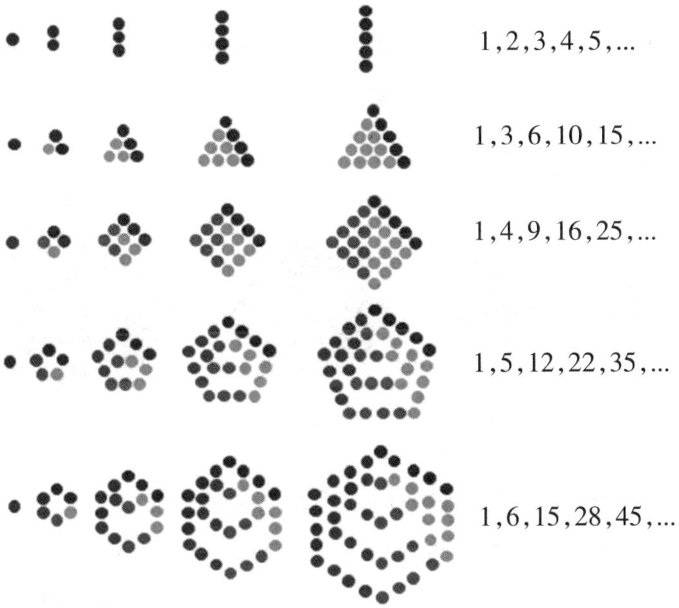

问题2　区分六角形数与中心六角形数，用n将它们的规律表示出来，并试着找到两者之间的关系。

（1）六角形数（图①分解重排后，可形成图②或图③）：

①　②　③

（2）中心六角形数：

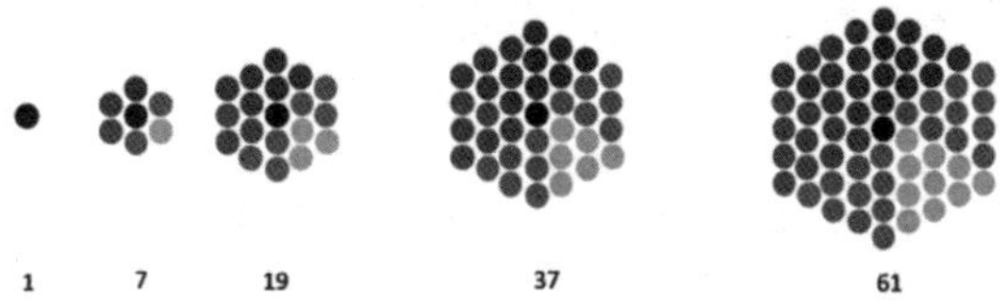

活动4　探究三维空间下的多角形数

问题1　如果我们把中心六角形数在空间中从小到大一层一层堆积起来，会得到什么呢？

提示：如下图。

1　8　27　64

问题2　你能用另一种方式在空间中构造立方数吗？为什么六角锥可以等同于正方体呢？

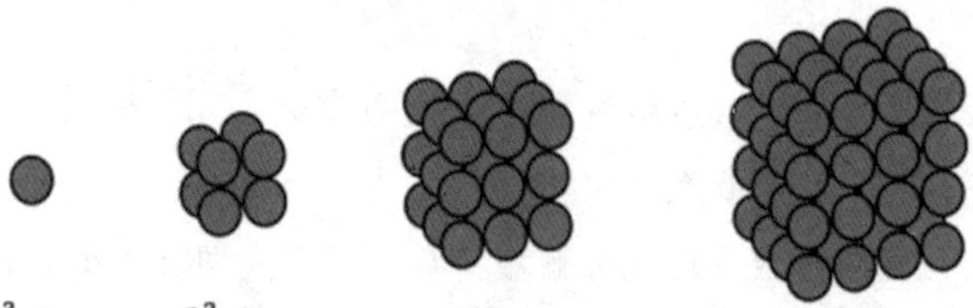

$1^3=1$　$2^3=8$　$3^3=27$　$4^3=64$

问题3　在二维平面上你能试着堆积其他的多角形数来构造三维多角形数吗？比如三角形数可以堆积成三棱锥数，或者四面体数。

任务二　利用多角形数自制一个日历

（一）学习目标

利用多角形数自制日历，形式不限。

（二）所需材料

彩色硬卡纸、彩色画笔、六孔活页本壳、打孔器、双面胶、贴纸。

（三）学习环节

活动1 设计日历

问题1 确定日历的形式。

问题2 画出多角形数的图案。根据自己的日历设计需要，在白纸上画出所需要的那些多角形数的图案，并对它们进行美化。

提示：如果选择用多角形数表示台历的月份，则需要设计1~12的多角形数图案；如果用多角形数表示“日”，则需要设计1~31的多角形数图案。

最后一种有一定难度，需要探索多维的情况。

活动2 制作日历

动手制作自己的日历，并使它看起来更漂亮。

（三）案例分析

这是一个以数学探究为载体的项目，学生需要在制作日历的任务驱动下研究形数。在数学上，数与形的联系是天然的，早在古希腊时期就对形数有很充分的研究，所以，学生研究这个专题应顺着数学发展的路径思考，很有弗赖登塔尔所提到的“再创造”的味道。

数学项目学习的情境未必是与现实生活相联系的，关键在于情境是否给学生提供了数学思考的空间。在制作数学日历的项目中，除了探究过程中呈现的这些数的表示方式，还有更多的表示数的方式，可以利用点的个数表示自然数，利用点在线上、在平面上、在空间中组成的关系表示一次、二次、三次的运算，组合而成的结果非常多样。教师还可以引导学生思考同样的点采用不同方式来表征可以构成什么样的方程，从而引导学生思考对同一个代数式的不同表征方式。学生在学习中体验到自主探索的乐趣，也激发了他们的创新意识和实践能力。

四、学科交叉项目

（一）学科融合为分科教学给养

在分科化教学的背景之下，各学科的知识融合程度低，教师们对于不同学科之间的联系关注度较低，导致学科之间割裂。而社会中真正的问题越来越呈现出学科交融的趋势，社会发展也以科技发展的综合性为内生动力。社会发展对教育的影响虽然缓慢但是非常有指导性，故基础教育要关注如何形成学科交叉融合，如何在学科群的学习中形成整合思维，以提升学生应对未来挑战的能力。

项目学习强调的是各种学科知识的交叉。学科知识的综合性是项目学习的一个典型特征，在学科交叉类的项目学习中，其研究的问题是跨学科的，即这个问题单纯依靠某一门学科知识无法解决，学科交叉项目学习能够破除以往将知识与应用割裂的弊端。学科交叉类项目学习以不同学科课程进行融合为目的，有效利用校内外课程资源，形成一种新型的跨学科的学习方式。

当然，学科交叉类项目学习对教师而言具有很大挑战，一般由多学科教师在学校科研部门的协调下统一组织筹划，在教师充分地进行课程资源整合后，引领学生进行学习。通过观察、分析、研究、实际操作等活动，使在项目学习的过程中感受学科知识的实用性以及浓厚的人文情怀。

（二）学科交叉项目学习示例

案例14　探索大运河[①]

本项目学习的设计初衷是为学生提供了解学校及乡土文化的平台，因我校地处北京市郊，与学生生活息息相关的大运河便成为项目学习的首选学习对象。由于学生的已有生活及学习经验不足，为了丰富学生的相关经验，学校开展项目学习活动——探索大运河，使学生能够通过实践加深对生活以及学习的认识。

任务一　研究五河交汇现象

《义务教育地理课程标准（2011年版）》要求教师给学生提供与其生活以及周围世界密切相关的地理知识，同时要求学生从现实的经历与体验出发，激发学生对地理问题的兴趣，并且教师要重视校外课程资源的开发与利用，充分利用课外的相关资源。因此教师在教学过程中需要将校外资源与课程进行恰当整合，使学生在学习地理知识的同时利用所学知识解释生活中的地理现象。

1．项目知识储备

对于运河地理知识的教学，教师要求学生在进行学习时首先进行相关资料的查询，对于运河形成的过程、缘由有初步的了解。学生通过查阅相关的地理资料学习与运河相似的河流的形成过程，了解运河是由五条河流交汇而形成的，这五条河分别是京杭大运河、通惠河、温榆河、小中河和运潮减河。学生对于运河的形成过程以及与其相关的五条河的地理位置和地理环境有了基本的认识，那么学生对于运河形成原因的猜想是否正确就需要学生进行实地考察进而验证自己的猜想。

① 韩笑, 张孟. 在“探索大运河”校本项目中渗透学科知识[J]. 教育. 2016，7：8-10.

2．项目活动

将学生分成5~6人的小组，每组的组长负责组织管理工作。让学生观察五河交汇的五条河流，并根据之前查询的相关资料对运河进行实地考察，以验证自己的假设。

在丰富了对五河交汇的认识之后，学生根据自己已有的知识与现场所观察到的现象以及地理环境，进行五河交汇图的绘制，加深对五河交汇的认识，教师在学生进行考察与绘制的过程中给予适当的引导与讲解，并协助学生进行五河交汇图的绘制。

3．项目意义

在活动过程中，学生不仅对五河交汇的知识进行了学习，也体验了如何运用自己所学的地理知识解决现实生活中的地理问题。学生进行探究的对象与自己息息相关，通过实践，学生对自己生活的环境有了深入的了解。在了解五河交汇的现象以及原理后，通过地理老师的引导和协助，学生对运河的认识逐步深入，在利用地理知识解决问题时，不再局限于课本。通过实际操作，学生对运河的形成——五河交汇有了直观的感受，加深了对河流形成的认识。

任务二　回顾大运河历史

《义务教育历史课程标准（2011年版）》要求历史教学以培养和提高学生的历史素养为宗旨，引导学生能够正确地探究、学习人类历史的发展进程，能够全面、客观地认识历史问题，同时在教师的教学过程中要鼓励学生进行自主合作学习和探究式学习，倡导教师教学方式的创新，使学生得到全面发展。在“探索大运河”项目学习中，教师鼓励学生进行自主探究与学习，使学生对运河历史进行研究的同时，逐步建立全面的历史观，并且能够用发展的眼光看问题。

1．项目知识储备

项目开展之前，历史老师先对运河的历史背景进行简单介绍，再让学生以小组为单位查阅运河发展的相关资料，解读运河产生的历史原因以及运河发展的历史过程。

通过对资料的补充，学生了解从春秋后期开始，吴王夫差命人开凿邗沟，大运河的历史由此开始。几千年间，大运河经历过改朝换代，经历过兴衰，直到清末，由于战乱使运河失去航运能力，它的漕运使命从此终止。

2．项目实施

教师带领学生参观运河长廊，在进行参观的过程中学生带着自己查询历史资料时遗留的问题进行学习，教师则主要进行引导以及解答学生无法解决的问题。

参观运河长廊结束后，学生以时间为线索绘制运河发展历程图，在绘制过程中学生对自己搜集的资料，以及运河长廊中记载的历史进行整合，将运河发展的历程清晰地展示给大家。

3．项目意义

《义务教育历史课程标准（2011年版）》要求历史教学要坚持用唯物史观阐释历史的发展与变化，教师以时间为线索对运河的历史进行讲解，使学生对运河的产生、发展到衰落有一个连续的认识。学生对运河发展进行探究的过程中，不仅考虑到运河发展、变迁、衰落的每一个独立阶段，而且对历史的认识逐步有了整体的把握，同时学会从宏观的角度看待问题以及客观地看待历史发展。

任务三　测量大运河的宽度

随着学生对运河认识的逐步深入，测量运河宽度的实践活动也开始实施，数学教学要求学生的逻辑思维、解决问题的能力得到培养以及提升，教师在进行教学的过程中要重视学生的自主学习，激发学生的好奇心，调动学生的学习兴趣，使学生在进行问题探究的过程中应用相关的数学知识，根据具体问题进行具体分析，从而使思维及学习能力得到提升。

1．项目知识储备

数学课堂教学中，学生已经学习了三角形的全等、相似等相关知识，因此在进行实际测量之前学生提出四种测量河的宽度的方案：(1) 直接测量。对两岸的大桥直接进行测量，所测的桥宽即为河宽；(2) 利用三角形全等。做一条与河宽一样长的线段，构造全等三角形，通过计算得出河宽；(3) 利用相似三角形。在河的两岸构造相似三角形，利用相似三角形的关系，求解河宽；(4) 利用相似三角形。与前一个方案不同的是，此方案仅需利用三角尺与河宽构造相似三角形，已知三角尺各边的长度从而进行河宽的求解。

2．项目实施

实施过程中，学生需要的测量工具包括：皮尺、含有30°角的直角三角尺。工具准备完毕后，学生仍然以小组为单位进行实地测量。

学生在现场进行实地测量，通过利用皮尺以及直角三角尺获得计算河宽时所需要的数据，利用有效数据求解河宽。此时，教师在学生测量的过程中进行引导，解答学生遇到的问题，通过测量各小组获得了有效数据，并根据公式进行计算，得出结论。

3．项目意义

活动中，学生利用所学的知识进行测量时发现，数学不再是枯燥的图形与符号，而是能够解决实际问题的工具。学生进行运河的实地测量时，不仅巩固了数学知识，而且还能够利用数学方法解决实际问题，将所学知识应用到实际操作中，使解决问题的能力得到提升。同时，学生在测量河宽的过程中会出现各种问题，此时学生需要依据实际情况进行方案的改进，学生通过这样的实际操作不仅动手能力得到了提升，其思维的严谨性与科学性也得到了培养。

（三）案例分析

学生在实际操作时，不仅体验如何解决实际问题，还学会如何进行探究，以及如何使学习能力、逻辑思维能力、人文素养得到提升。教师传授给学生的不仅仅是地理和历史等相关学科的知识，还包括其中渗透的人文素养。人文学科的教学目的是要让学生正确处理人与社会、人与自然的关系，使学生感受到大运河是他们生活中的一部分，提高学生对环境、社会的关注度。进行实地测量的过程中，学生将数学知识恰当地应用于项目学习中，先提出测量方案，再进行观察、测量，学生对测量过程中出现的不同问题进行分析与解决，在实施的过程中，学生感受到数学知识在实践活动中的作用。

五河交汇图的绘制要求学生对于五条河流的地理位置以及相关的河流交汇的知识有基本的了解，学生在进行绘制时，要依据具体的地理环境和条件对五河交汇图的框架进行相应的调整，以保证绘制的准确性。对运河的历史进行回顾时，学生不仅要考虑各个朝代运河的发展，还要了解不同朝代之间的联系，以及这种联系对运河发展的影响。由于误差的存在，学生需要反复地测量数据，求得平均值，从而减小误差，使结果更加准确。通过动手实践，学生获得了更加深刻的学习体验，对学科知识也有了深入的认识。

项目学习关注的是生活情境和文化内涵，希望学生从实际问题中吸收知识并进行创新[①]。生活中的实际问题与每个学科都存在着紧密的联系，对实际问题进行探索以及解决的过程中，学生从提出问题、发现问题、分析问题到解决问题，不仅要具备相关的学科知识，还要对所学知识进行恰当应用，依据实际情况对方案进行调整。通过实际操作，学生体验不同方案所得的结果，对比其准确性，根据具体情况进行具体调整。案例中的项目对地理、历史以及数学课程进行了整合。项目学习要求学生在进行问题探究的同时开展实际操作，在此过程中渗透学科知识，教师不再是主角，而是学生学习过程中的引导者与解惑者，在教师的引导下学生解决问题的能力不断得到提升。

此处再呈现一个学科交叉的项目学习案例。

案例15　制作一组乐器

中国科学技术馆中的这件展品由3件乐器模型组成，从左到右依次为打击乐器、管乐器、弦乐器。

① 刘云生.项目学习——信息时代重要的学习方式[J].中国教育学刊，2002（1）：36-38.

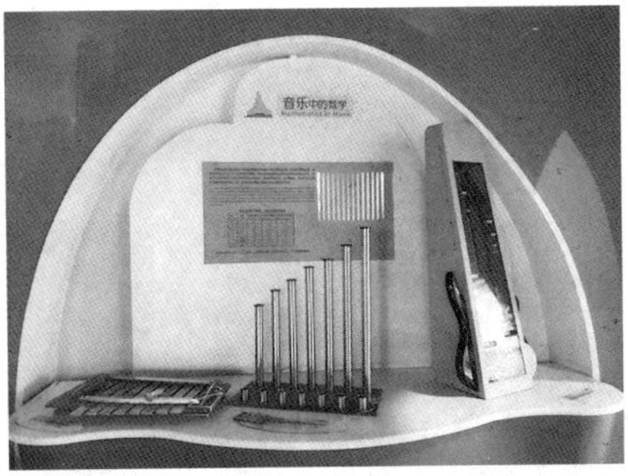

任务一：

用小木棒敲打打击乐器，用塑料软垫拍打管乐器，用手指拨动弦乐器上不同长度和不同松紧的琴弦，然后辨别每种乐器不同的发音部件所发出的声音有何不同？

乐器的声音与乐器的长度有什么关系？

任务二：

如果请你来设计一个管弦乐器，你要考虑哪些因素？

任务三：

请你制作一组乐器，使其能够演奏出不同的音调，介绍你的制作过程及其中的原理。

用你制作的乐器演奏一曲。

教师也可以明确制作乐器的材质，例如选择一组质地相同的瓶子，装入不同深度的水即可制作成一组乐器，或者利用PVC管子、胶带、尺子、手锯等制作一个管乐器。

学生在动手中学习数学、物理、音乐的相关知识，用严谨的、逻辑化的方法分析解决问题，体会数学是人类思维的重要工具。当然，教师还可以提出有挑战性的要求，请学生试着让乐器发出所有基本音阶，或比较水杯和PVC管子做成的乐器有何差异。

数学项目点子 8

某家慈善机构组织人们出售二手物品来进行义卖。他们每次都会选择一个人流较大的地点进行义卖，请你先了解他们是如何选择地点的，再研究改进方案。

数学项目点子 9

美术馆的问题：看守美术馆中所有的画至少需要多少警卫？

第三章 数学项目学习实践

第一节 一份数学项目学习教学设计的修改历程

进行项目学习设计时，我们会苦于自己的设计与成熟的设计相差较远，难以模仿、难以学习。在此，我们呈现一份项目学习设计的修改历程以供借鉴，读者可体会其修改思路。

在北京市日坛中学实验学校的项目学习探索中，数学组教师设计了项目“我是小小设计师”。让我们来看一下这个项目是如何不断完善的。

下面是经过群策群力设计出的第一稿。

案例16 我是小小设计师①

一、项目名称：我是小小设计师

二、导语：

刘备，字玄德，公元161年出生于涿郡涿县（今河北涿州），三国时期蜀汉的建立者、政治家、史学家，又称他为“先主”。请你为他设计一款新型武器或战袍。

三、学习目标：

1．在设计过程中感受图形全等的变换过程，对全等图形有一个初步的认识；

2．经历设计武器的过程，提升学生的空间想象能力和动手操作能力；

① 项目设计者：李剑岚、刘文英，北京市日坛中学实验学校。

3．渗透数学应用意识，体会中国传统文化。

四、学习流程：

1．说明任务：

请你为刘备设计一款新型武器或战袍。

2．前期准备：

（1）提前做好调查，将想要设计同样武器的学生分为一组；

（2）搜集相关资料；

（3）资料展示。

3．探究活动：

（1）整合搜集的图片；

（2）为刘备设计一款新型武器或战袍；

（3）将设计草稿向大家展示。

4．上传图片，利用《几何画板》画出图形。

5．观察图形，小组讨论，将设计图按照组内的标准进行分类。

五、成果展示：

将具有轴对称性的图形打印展示。初步感受图形的全等，欣赏数学的对称美。

从文稿中我们能够看出，这个项目是与轴对称知识相关的，项目名称是“我是小小设计师”，能够激发学生的学习兴趣，在介绍三国时期著名人物之后，给学生提出的要求是为刘备设计武器或战袍，这样的问题，对学生尤其是男生来说，是非常感兴趣的。当然，设计好项目的出发点之后，我们还要进一步去打磨它，为了打磨这个项目，可以针对第一稿思考下列问题。

首先，面对这样的一个任务，如果要解决它需要用到哪些知识、方法和策略？要知道，学生拿到项目手册或项目指南时，他们并不清楚要学习的知识到底属于什么体系，多数学生会从任务出发，从项目要解决的问题出发，所以和所学知识有一定关联的任务，才是设计得比较巧妙的任务。

其次，要思考拿到这样的任务，学生会提出什么样的问题。可以用头脑风暴的形式把可能提出的问题列举出来，然后再尝试将它们分类、排序。例如在这个问题中，学生会思考：我要设计的武器或战袍会用于什么目的？使用方式对我的设计提出了什么要求？如果是出于美观，或者是象征性的价值，那么我需要设计的武器或战袍应具有什么文化特征？和主人公有什么关系？设计出的武器或战袍应满足数学上的哪些要求？是否需要制作出实物？设计的过程中是否用到其他学科知识？等等。

再次，教师要从预设的问题中提取出主要问题，将与主题关系较远的问题放到项目拓展中。要为主要问题设计数学探究活动，然后尝试将这些主要问题分解为若干子问题或子任务。要保留这些问题形成的发展路径，以便在教学的时候给学生更清晰的指引。

接下来，在思考回答这些问题时，可能遇到的挑战有哪些？例如这个项目涉及轴对称的知识，是基础性数学知识。在学习基础性知识的过程中，要多次与项目成果中的轴对称图形建立联系，使学生始终在项目中学习数学。此外，有很多图形是复合的轴对称图形，其中的性质会更加复杂，这时有挑战的数学问题就会出现。

在梳理完这些问题之后，还需要考虑对项目成果的要求。一般来说教师设计项目成果的要求很难一步到位，一种可行的方式是，教师亲自动手做一做，以学习者的身份完成一个项目成果，再反思其间遇到的各种问题，体会其中的价值，并且尝试将这种价值转化到学生的学习中。

在与研究团队交流之后，教师给出了第二稿，共包括五个子任务，在此将其框架简要呈现出来。

任务一　镶地砖

导语：

本任务的数学活动是让学生将多边形及其内角和的知识应用于实际生活，用形状、大小相同的多边形进行平面镶嵌。

学习目标：

1. 理解平面镶嵌的概念。

2. 理解多边形能够平面镶嵌的条件；体会从特殊到一般，从简单到复杂的研究问题的思路与方法。

3. 积极参加数学活动，在数学活动中培养善于动手、合作交流、归纳反思、勇于质疑的品质；锻炼克服困难的意志，体验获得成功的乐趣，建立学好数学的信心，积累数学活动的基本经验。

任务二　设计风筝

导语：

本任务旨在强化学生对“全等三角形”知识的应用。运用全等三角形的相关知识和研究几何图形的基本思路和方法，辨认全等图形，研究“筝形”的性质。

学习目标：

1. 能辨别图案中的全等形和全等三角形。

2．经历“筝形”性质的探究过程，体会研究几何图形的基本思路和方法。

3 利用轴对称设计美术字和图案。

导语：

很多建筑物或工艺品都以“对称”为美，如剪纸艺术中大多数作品为对称图案。本任务将“轴对称”的知识运用于实际生活和数学探究中，利用轴对称研究美术字的对称性，并写出轴对称的美术字；利用轴对称设计美丽的图案，体验数学与生活的紧密联系；通过轴对称发现等腰三角形中相等的线段，从不同的角度去探索等腰三角形，进一步体验证明数学命题的一般方法和步骤。

学习目标：

1．能写出轴对称的美术字，画出美术字的对称轴。

2．能利用轴对称设计图案。

3．探索并证明等腰三角形中相等的线段。

4．积极参与数学活动，在数学活动中积累活动经验。

任务三 最短路径问题

导语：

唐朝诗人李颀的诗《古从军行》开头两句说：“白日登山望烽火，黄昏饮马傍交河。”诗中隐含着一个有趣的数学问题。

诗中将军在观望烽火之后从山脚下的A点出发，走到河边饮马后再到B点宿营，请问怎样走才能使总路程最短？

这个问题早在古罗马时代就有了，传说亚历山大城有一位精通数学和物理的学者，名叫海伦。一天，一位罗马将军专程去拜访他，向他请教一个百思不得其解的问题。

将军每天从军营A出发，先到河边饮马，然后再去河岸同侧的B地开会，应该怎样走才能使路程最短?

从此，这个被称为“将军饮马”的问题广泛流传。

活动目标：

能利用轴对称解决简单的最短路径问题，体会图形的变化在解决最值问题中的作用，感悟转化思想。

任务四　活动课

导语：

前面学习了全等三角形和轴对称的知识，并在此基础上体验了这些数学知识在实际生活中的应用，使学生体会到生活中处处有数学，数学的美无处不在。接下来的两节课旨在让学生发挥主观能动性，为自己班级设计具有数学味道的班服图案。

学习要求：

1．图案要体现全等三角形。

2．图案中要体现轴对称的知识。

3．积极参与数学活动，在数学活动中积累活动经验。

学习重点：

综合等腰三角形和对称知识设计具有数学味道的班服图案。

学习过程：

1．将90名学生进行分组，每组6名学生，共15组。

2．上网查阅相关资料，激发创作灵感。

3．每组学生分工协作，合理分配任务，最终整合思路。

小结：

学生总结本任务的创作构想，教师分组巡视，给予指导，把握进度。

任务五 展示课

导语：

前面学习了全等三角形和轴对称的知识，并在此基础上学生体验了这些数学知识在实际生活中的应用，使学生体会到生活中处处有数学，数学的美无处不在。接下来的两节课旨在让学生发挥主观能动性，为自己班级设计具有数学味道的班服图案。

学习要求：

1. 每组由2名学生负责讲解创作思路，4名学生展示实物。

2. 其他组的学生可以提问题，发表见解。

学习重点：

学生一起寻找其他组的班服图案中用到的全等三角形和对称知识。

学习过程：

用自己的语言讲述本组设计的班服图案的特色。

小结：

总结每节课展示中的优点和不足。

在第二稿中，教师考虑到三国时期的人物对学生尤其是女生来说有一定的距离，于是将设计武器和战袍改为设计班服，更加贴近学生的生活，在实际中也确实有此需求，这样，项目的现实意义更加突出。同时考虑到“最短路径问题”虽然与轴对称的学习有关，但是与设计的关系较远，所以去掉了此问题。此外，大家都意识到在知识的学习方面，这一稿并没有很好地将知识与项目结合起来，还需要修改。

教师团队在多次修改后拿出了一个项目与知识结合较为紧密

的设计，专家指导团队给出了一些建议。需要说明的是，虽然提交给专家指导团队的是第四稿，但教师们的修改次数远不止于此。专家为“我是小小设计师（第四稿）”给出了如下建议（此处略去第四稿的具体内容，只给出专家建议）：

在任务一中讨论了图形的镶嵌问题，此处尚未谈及班徽、班服。建议先以几件有镶嵌特点的衣服作为引入，让学生在项目开始时就有明确的目标。

任务二、任务四的问题也最好与徽标联系起来。

设计活动课和展示课的具体内容，其中活动课侧重于让学生设计班徽，展示课侧重于展示学生对班徽、班服的理解，交流他们的收获，建议在写作时融入总的项目设计中。

在展示班徽、班服时，能够引导学生阐释其中的数学文化，很有想法！建议再提供一些徽标设计中的文化背景知识。

现在这个评价表是以“知识与技能、过程与方法、情感态度价值观”为子维度，缺乏针对性。请根据上课的情况修改评价表，设计出具体可行的评价表。并将学生的作品拍照，根据评价表对作品加以点评，为后续使用项目的教师提供参考。

又历经数次修改，这个项目终于得以实施。在此简要呈现实施之后的“我是小小设计师（第六稿）”。

我是小小设计师

一、导语

班级文化是一种隐含的教育力量，体现了一个班级独特的风貌和精神。班级徽标是班级个性文化的集中展示，是一个班级的标志，代表了一个班的形象。

你想要为自己的班级设计有特色的徽标图案吗？你想要一件具有自己班级特色、印着自己班级徽标的班服吗？想要设计出独特的徽标，数学知识可少不了。你知道里面蕴含了哪些数学知识吗？你能运用这些数学知识为自己的班级设计出具有数学味道的徽标图案吗？

二、学习目标

1．知识目标：知道标志中蕴含的数学知识和图形，能介绍班级徽标设计的基本知识、设计思路和方法。

2．技能目标：知道徽标设计的基本审美原则和其中蕴含的数学知识，掌握徽标设计的基本技能，提高学生的表达能力。

3．情感目标：通过其他小组同学的提问和建议完善本组设计图案的过程，体会组与组之间的竞争与合作，体会几何图形的对称美，提高学生的数学运用能力，感受数学在生活中的应用价值。通过设计自己班级的标志，提高自我认识和自我认同。

三、成果要求

请以小组为单位运用数学知识设计体现自己班级文化特征的班服或班徽。

四、学习流程

活动一 图形的镶嵌

问题一：

我们可以通过设计班徽或班服的方式给班级代言。请你们观察一下这些服装，涉及哪些几何图形？它们是怎样排列的？

感受并理解平面镶嵌的概念，想一想见过哪些形状的地砖和墙砖？

看到这些形状你有没有想过这些图形是怎样得到的？

服装和徽章中都能看到这些图案。我们的生活中有很多图案可以通过一个图形的平移、旋转等变换得到。

结合刚才欣赏的美丽图案，请你说说对镶嵌的理解。

(1) 用于拼接的图案都是平面图形；

(2) 拼接处没有空隙，没有重叠；

(3) 铺成的图案把一个平面完全覆盖。

平面镶嵌的概念：用一些不重叠摆放的多边形把平面的一部分完全覆盖，通常把这类问题叫作多边形覆盖平面（或平面镶嵌)。

问题二：

探究多边形能平面镶嵌的条件。

请大家拿出提前准备好的正三角形、正方形、正五边形、正六边形纸片。

(1) 同一种图形的镶嵌

在边长相等的正三角形、正方形、正五边形、正六边形纸片中取一种进行镶嵌，哪几种正多边形纸片可以进行平面镶嵌?

请通过图形镶嵌，说出用同种正多边形纸片能进行镶嵌的条件。

(2) 两种不同图形的镶嵌

在边长相等的正三角形、正方形、正五边形、正六边形纸片中取两种进行镶嵌，哪两种正多边形纸片可以进行平面镶嵌?

通过进行图形镶嵌，两种正多边形能进行镶嵌的条件是：

____

(3) 用形状、大小完全相同的三角形纸片能否进行平面镶嵌? 四边形呢? 请动手探究。

问题三：

请每个小组利用本节课所学的知识设计一种镶嵌图形。你们的设计要符合平面镶嵌的要求，且可以表达一种班级文化。

活动二 设计筝形

问题一：

在很多徽标里蕴含着几何图形。观察下列徽标，里面涉及哪些几何图形?

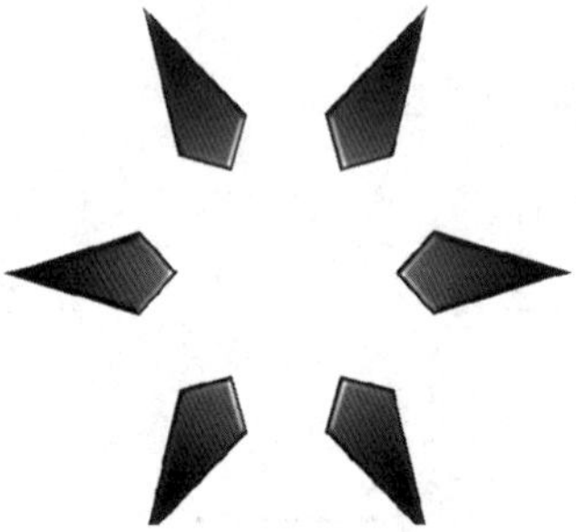

观察下列图案，你发现图案中包含的基本图形有什么特征？

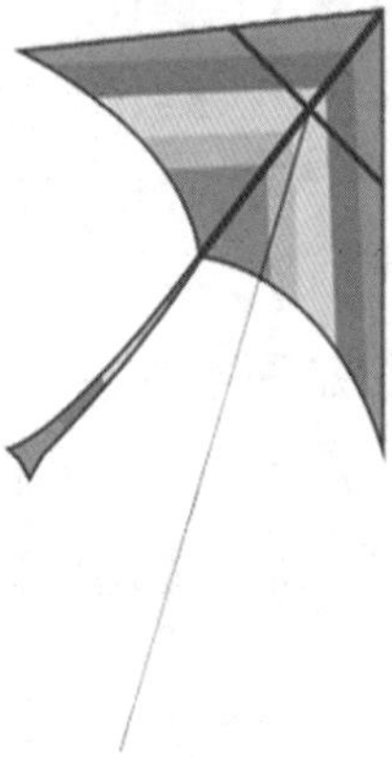

你能说出什么叫作“筝形”吗？请画出一个“筝形”。

两组邻边分别相等的四边形叫作筝形。

符号语言表示：

如下图，在四边形 $ABCD$ 中，$AB=AD$，$BC=DC$，则四边形 $ABCD$ 是筝形。

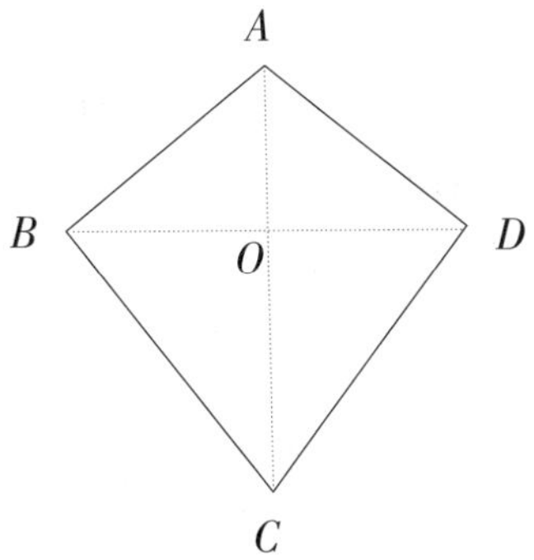

问题二：

请查阅资料了解筝形的历史和文化。

问题三：

在纸上剪下“筝形 $ABCD$”，用测量、折叠等方法可得出哪些结论？

在筝形 $ABCD$ 中，

边：$AB=AD$，$BC=DC$。

角：$\angle ABC=\angle ADC$，$\angle ABD=\angle ADB$，$\angle CBD=\angle CDB$，

$\angle BAC=\angle DAC$，$\angle ACB=\angle ACD$。

对角线：$AC\perp BD$，且 AC 平分 BD，即 $BO=DO$。

观察筝形，你发现筝形有什么特点？

经过大家讨论、验证，得出筝形的如下特点：

（1）筝形两组邻边相等；

（2）筝形至少有一组对角相等；

（3）筝形的一条对角线平分一组对角，并且垂直平分另一条对角线。

问题四：

请围绕下面两个话题撰写一篇小短文。

（1）请用你的语言说说研究这个新的几何图形的思路。

（2）你还能设计出一种新的对称的几何图形吗？请给它起个名字，用文字语言和图形语言描述它，并介绍它的特点。

活动三　设计美术字和轴对称图形

问题一：

小学时我们已经学习了轴对称，请找出一些生活中你看到的不同类别的轴对称图形。给它们分类，并确定它们的对称轴。

轴对称图形：一个平面图形沿一条直线折叠，直线两旁的部分能够互相重合，这个图形就叫作轴对称图形，那条直线就叫作对称轴。

问题二：

观察下面的美术字，它们有哪些共同点？

请画出这些美术字的对称轴。

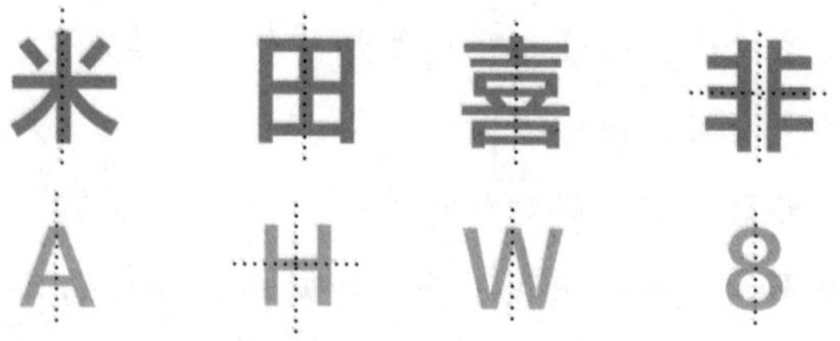

请利用轴对称知识尝试将下面的美术字补充完整。

通过已有的生活常识，你能写出一些美术字，并指出它的对称轴吗？

问题三：

下面是一些轴对称图案。

请动手在纸上画一个你喜欢的图形，将这张纸折叠，描图，再将纸展开。

如果改变折痕的位置并重复几次，能得到什么图形？如果对称轴的方向和位置发生变化对图形有什么影响？

对称轴的方向和位置发生变化时，得到的图形的方向和位置也会发生变化。

问题四：

利用轴对称知识设计图案。

通过前面设计美术字和轴对称图案的活动，发现将平移和轴对称结合起来，可以设计出更丰富的图案。

现在请利用轴对称和平移知识设计一个你喜欢的图案，并说明你的设计方法。

活动四　设计班徽图案

问题一：

观察下列徽标，说说其中有哪些几何图形，这些图形的关系是什么？

问题二：

分组设计具有数学味道的班徽或班服图案。

要求：

1. 班徽或班服图案要体现班级的文化特征。
2. 图案中要包含基本的几何图形，并利用本项目所学的知识对图形间的关系加以说明。
3. 设计作品要美观大气，鼓励进行有创意的设计。

评价标准：

指标	内容	评分（满分10分）
数学味道	作品要体现数学特色且包含几何图形。（1项1分）	
简洁清晰	表现形式简练，形象清晰，容易辨认和记忆。	
班级特色	作品要体现班级特色，传递信息明确。	
创意设计	形象独特，构思新颖，有自己的想法，给人印象深刻。	
美观大气	班徽或班服图案要符合艺术美的规律。	

时间分配：

（1）讨论具体要制作什么样的班徽或班服（时间分配：10分钟）。

（2）把图案画在纸上（时间分配：30分钟）。

（3）给图案上色彩（时间分配：10分钟）。

（4）小结：总结设计中的经验和困惑（时间分配：10分钟）。

活动五　设计作品展示

标志主要分为商业性标志和非商业性标志两大类。它们的表现形态一般采用具象、抽象、数字、文字、字母或综合的形式，设计上要求简洁明了，通俗易懂。图形的表现形式不受任何语言、文字的限制，国际性较强。

1．设计要求

数学味道：作品中要尽可能体现数学特色且包含几何图形，具有数学味道。

简洁清晰：表现形式简练，形象清晰，容易辨认和记忆。

班级特色：作品要体现班级特色，传递信息明确。

创意设计：形象独特，构思新颖，有自己的想法，给人印象深刻。

美观大气：班徽或班服图案要符合艺术美的规律。

2．小组讨论

以小组为单位，从数学味道、简洁清晰、班级特色、创意设计和美观大气等五个方面讨论自己设计的作品的特点，并简要写在作品下方，最具特色的可用红笔标出，重点讲解。

3．介绍设计理念

说明：3、4班合班展示，每班分为两个小组。

3班的介绍概况：

（1）学生代表介绍自己班级的特色。

（2）第一组展示班徽图案，从数学味道、简洁清晰、班级特色、创意设计和美观大气等五个方面介绍自己小组的设计思路和构想。

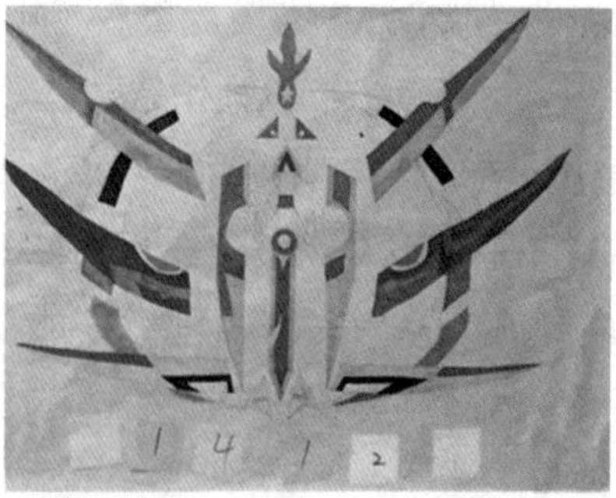

（3）其余三个小组派代表表达自己的看法，给出如下点评：班徽用到的几何图形较多，颜色搭配清新亮丽，整体图形像一个向上发射的火箭，充满活力，但是整体图形比较散，没有一个集

中的点，班级凝聚力体现得不够充分，可以再做补充，让图形更集中一些。

(4) 第二组展示班徽图案，从数学味道、简洁清晰、班级特色、创意设计和美观大气等五个方面介绍自己小组的设计思路和构想。

(5) 其余三个小组派代表表达自己的看法，给出如下点评：图形中间的无理数很有亮点，体现了数学元素，同时又象征3班，根号像英文单词“Victory”，融入了其他学科的知识，突出数学文化和班级特色，但是对称的翅膀和上面的两把利剑可以进一步优化。

4班的介绍概况：

(1) 学生代表介绍自己班级的特色。

(2) 第一组展示班徽图案，从数学味道、简洁清晰、班级特色、创意设计和美观大气等五个方面介绍自己小组的设计思路和构想。

（3）其余三个小组派代表表达自己的看法，给出如下点评：整体图形美观大方，外部采用两个等边三角形嵌套，整个图形比较封闭、完整，颜色的搭配清新而充满活力，并且将图形的中心放在版面的黄金分割点，这是一个亮点。但几何图形的应用较少，同时外面的边框线条可以更粗一些，从而让图形显得更大气。

（4）第二组展示班徽图案，从数学味道、简洁清晰、班级特色、创意设计和美观大气等五个方面介绍自己小组的设计思路和构想。

（5）其余三个小组派代表表达自己的看法，给出如下点评：整体颜色是一个渐进的色调搭配，对叶片进行数学抽象，特别有想法，但是叶片外面的设计略显累赘，叶片内部采用齿轮拼接，

通过齿轮相互协作，体现了和谐的班级文化，同时采用了几何图形的拼接。

4．评价环节

（1）拉票

每组限时一分钟，派代表总结本组最大的特色和亮点，为本组拉票。

（2）投票

提前准备五种颜色的彩贴（不同颜色代表不同的评价指标），发给每名学生一套五色彩贴。

红：数学味道

黄：简洁清晰

蓝：班级特色

绿：创意设计

紫：美观大气

请学生秉着公平、公正、客观的态度，依次选出心目中最具数学味道、最简洁清晰、最能体现班级特色、最具创意、最美观大气的班徽图案，并投出自己的一票，每名学生拿彩纸从五个方面投给相应的作品。

（3）宣布投票结果

5．活动小结

通过这四个小组的展示与讨论，你有哪些收获和感受呢？

本项目学习结束了，通过该项目的学习，学生对几何图形有了直观的认识，感受到了数学的对称美。同时，通过一系列活动，培养了学生互助合作及和谐竞争的意识。

请读者思考

若请你实施这个项目学习，你会如何修改现有的文稿？

数学项目点子 10

调查一所医院的手术室利用率。为了每天完成尽可能多的手术，该医院安排手术室的方案合理吗？

数学项目点子 11

要移动 1 000 万元的现金需要多长时间？这些现金的重量是多少？占据多大的空间？

第二节 数学项目学习的设计

一、数学项目学习设计流程

项目学习的设计包括很多方面，从主题的设计、学习情境的设计、学习任务的设计、脚手架和学习资源的设计、学习方式的设计、评价的设计等方面都可以对其做出讨论。

美国巴克教育研究所将项目启动阶段的步骤分为①：

（1）寻找项目选题；

（2）确定项目范围；

（3）选择课程标准；

（4）统合项目学习目标；

（5）确立项目的学习标准；

（6）创设理想的学习氛围。

可以说，项目学习的设计与其他教学设计有非常多的一致之处，在此我们按照顺序一一进行讨论。

首先需要通过分析数学课程的要求和学生发展情况，来确立明确的项目学习目标。数学项目学习目标涵盖多个维度，涉及数学知识与技能以及问题解决和项目完成等方面的内容。

确立了学习目标之后，就应当根据学习目标和学习内容，有创意地设定一个能够吸引学生、激发学生，又涵盖课程内涵的主题。项目主题要能够激发学生的学习动机，有一定的挑战性，并且项目主题的背景尽可能是真实的。

---

① 巴克教育研究所.项目学习教师指南——21世纪的中学教学法[M].任伟，译.北京：教育科学出版社，2008.

接下来根据项目主题设计学习情境。学习情境要尽可能真实，即便在虚拟的情境中也要尽可能全面地模拟真实问题。具有真实性的情境可以提高学生学习的兴趣，将学习的实质意义体现出来，情境中的复杂背景可以激发学生去获取多样的问题信息，寻求多样的问题解决方案。必不可少的是，情境中要蕴含数学知识，学生需要通过知识的学习来解决问题。一些虚拟的情境也是可以接受的，例如，当我们面对穿越到现在的数学家祖冲之，他会用什么样的方法解决当前的一些数学问题？这样的虚拟情境可以有创意地让学生融入探究和思考的氛围之中。

继而要进行学习任务的设计，将课程的骨架搭建得更加牢固。数学项目学习的学习任务设计与其他学习非常相似：首先要将任务分解为若干个循序渐进的小任务，能够指引学生按图索骥，探索知识；对学生每一步要完成的目标都有明确的指引；在完成任务的过程中需要学生从哪些渠道获得支持，教师要尽可能给出指引，或者提供部分成熟的资料；在完成任务的过程中要记录哪些内容，思考哪些关键性的问题，教师也要提前给予提示；对项目成果要有明确的说明，可以为成果提供规范的示例。

最后要进行项目学习评价的设计。数学项目学习的评价一般来说都会兼顾过程和结果，采用多元评价的方式。除了考查学生是否达成了各项学习目标，也会关注他们在独立思考能力、复杂问题解决能力、团队协作能力、创新能力等方面上的表现。在评价方式上，更多的是以等级的方式对学生解决问题的表现和实际操作进行评价。

项目学习的评价设计非常有难度，评价的方式和评价的原则都是教师较难掌握的。项目学习本身的活动性特征使我们很难以纸笔测验的形式对学习成果加以检验。但是也有令人欣喜的地方——在项目学习中更容易实现“以评价促进教学”，甚至其中的评价有时就是教学的一部分。

二、数学项目学习设计要求

数学项目学习材料与数学教材的编写有一定的共性，下面首先来分析课程标准对教材编写的要求。

《义务教育数学课程标准（2011 年版）》第四部分在教材编写建议中提出：“数学教材的编写应以本标准为依据。教材编写要努力凸显特色，积极探索教材的多样化。教材所选择的学习素材应尽量与学生的生活现实、数学现实、其他学科现实相联系，应有利于加深学生对所要学习内容的数学理解。教材内容的呈现要体现数学知识的整体性，体现重要的数学知识和方法的产生、发展和应用过程；应引导学生进行自主探索与合作交流，并关注对学生人文精神的培养。教材的编写要有利于调动教师的主动性和积极性，有利于教师进行创造性教学。”此外，《义务教育数学课程标准（2011 年版）》具体提出了以下六点要求：

（1）教材编写应体现科学性；

（2）教材编写应体现整体性；

（3）教材内容的呈现应体现过程性；

（4）呈现内容的素材应贴近学生现实；

（5）教材内容设计要有一定的弹性；

（6）教材编写要体现可读性。

《普通高中数学课程标准（2017 年版）》第六部分在教材编

写建议中提出："数学教材为'教'与'学'活动提供学习主题、基本线索和具体内容，是实现数学课程目标、发展学生数学学科核心素养重要的教学资源。"高中数学教材的编写，要根据《基础教育课程改革纲要（试行）》的精神，贯彻高中数学课程的基本理念与要求，为课程的顺利实施提供保证。教材应当有利于调动教师的积极性，创造性地进行教学；有利于改进学生的学习方式，促进他们主动地学习和发展。"《普通高中数学课程标准（2017年版）》还指出，教材的编写应注意如下的问题：

（1）教材编写要以发展学生数学学科核心素养为宗旨；

（2）教材编写应体现整体性；

（3）教材编写应遵循"教与学"的规律；

（4）教材内容呈现方式应丰富多样；

（5）注重教材特色建设。

2000年，美国国家数学教师理事会（National Council of Teachers of Mathematics，NCTM）提出美国《学校数学的原则与标准》（*Principles an Standards for School Mathematics*），强调了学校数学教育的基本原则，并对以前制定的一些标准进行了澄清和评估。这以后，美国大多数州都在这个标准的基础上制定本州的数学课程标准[①]。有关于这一标准的评价为：《学校数学的原则和标准》的目的之一是提供给教师、课程设计者和那些负责课程构想的人一种方法去突出课程的重点[②]。因而在标准中有很多关于教育的理论、原则与标准，起到了很好的参考作用。其中强调学校数学教育的公平原则、课程原则、教学原则、学习原则、评估

① 孙晓天.数学课程发展的国际视野[M].北京:高等教育出版社，2003:11.

② 全美数学教师理事会.美国学校数学教育的原则和标准[M].蔡金法,译.北京:人民教育出版社，2004:11.

原则和科技原则。

综上所述，根据课程标准的指导，结合数学项目学习的特点，现梳理如下几点设计要求：

第一，数学项目学习的教学设计要体现学科要求。必须紧密围绕课程标准进行设计，能够与课程内容相匹配，能够与课程目标相吻合。无论项目是否涉及生活背景和其他学科背景，都要突出体现数学学科特色。

第二，数学项目学习的教学设计要运用适宜的情境。情境既包括现实情境，也包括数学情境。项目学习的情境要贴近学生现实，确保认知上的真切性。

第三，数学项目学习的教学设计要体现学生的主体性，在内容和栏目设计上都要从学生的视角出发，确保学生享有学习的主动权，确保给他们提供全面适宜的支持。

第四，数学项目学习的教学设计要涵盖多元评价。评价可以促进学生把握探索的方向，并在探索中反思。评价既要面向过程也要面向结果，评价的方式、内容、维度等都要面向学生，甚至可以鼓励学生参与评价方式的制订。

三、数学项目学习设计维度

接下来我们将从设计项目学习的几个主要维度出发进行讨论，并从一本英国的数学项目学习书籍中摘录一些案例，希望通过案例和分析给教师以启发。*101 Mathematical Projects*[①]这本书是

① BRIAN B. DAVID H. 101 Mathematical Projects：a resource book[M]. New York：Cambridge University Press, 1989.

剑桥大学出版社出版的数学项目学习材料，出自英国某大学教育学院，首次出版于1989年，之后多次再版，并被我国翻译引进。因翻译的版本未涵盖原书的所有栏目，所以下文中会选用更多英文版的案例。全书共101篇，分成13个部分，分别为：测量、运动、游戏娱乐、家庭、预算、历史、运输、公共服务、科技、空间、学科联系、随机数模拟及其他。这本书为教师的应用提供了合理的建议，能够满足概念认知的广泛性和技能的训练，与其他课程科目也有一定的联系，是很好的数学项目学习素材库。

从大量文献中可以发现，对项目学习的研究关注了背景问题、项目成果、评价机制等，除此之外，教学中教师提出的领航问题也很有研究价值，因此，下文将从五个维度进行分析，分别是：驱动问题、领航问题、项目成果、数学内容、学习方式。

驱动问题。将项目学习情境分类，并针对每个情境提出设计项目学习的建议。对驱动问题的主要思考角度为：是否含有历史故事，是否含有冗余条件，与学生生活贴近程度以及问题结果是否唯一。

领航问题。引导和贯穿驱动问题解决的全过程的问题串，因为问题类型不同，故将领航问题分成四类：指向任务布置、启发思考、指向操作和提供参考资料。

项目成果。首先，项目成果本身具有不同的倾向，包括社会倾向、生活倾向和数学倾向；其次，不同的项目成果与项目的相关性也不同，有发散的，也有基于项目背景进行分析的；再次，展示项目成果的方式较多。通过分析不同项目学习的成果与形式，对项目学习成果展示的设计提出建议。

数学内容。根据数学知识的不同类型，将数学内容分成四类：数与代数、图形与几何、概率与统计、综合与实践。

学习方式。希望能够通过分析不同的学习过程得到一些教学设计上的启发，促进学习方式的多样性。在学习方式中包括实验操作、调查分析、图示、资料参考、编程设计，其中编程设计是项目学习的特色之一。

为了更加具体地分析，下文将五个维度进行了进一步的分类，下面是数学项目学习设计的维度。教师可以从这五个维度出发进行项目设计。因数学内容维度与具体教学进程有关，在下文中不再单独作为一个部分讨论。

- 驱动问题
  - 是否含有历史故事
    - 联系历史发展型
    - 直击现实问题型
  - 是否含有冗余条件
    - 有冗余条件型
    - 无冗余条件型
  - 与学生生活贴近程度
    - 个人生活型
    - 社会生活型
  - 问题解决的结果
    - 结果唯一型
    - 结果开放型

- 领航问题
  - 问题数量
  - 问题内容（数目）
    - 指向任务布置
    - 启发思考
    - 指向操作
    - 提供参考资料

- 项目成果
  - 内容
    - 社会性
    - 生活性
    - 数学性
  - 与项目相关性
    - 创新设计
    - 操作实验
    - 对比分析
    - 调查延伸
    - 报告说明
  - 呈现形式
    - 独立完成
    - 小组合作
- 数学内容
  - 数学知识
    - 数与代数
    - 图形与几何
    - 统计与概率
    - 综合与实践
  - 数学发展目标
- 学习方式
  - 实验操作
  - 调查分析
  - 资料参考
  - 图示
  - 计算机编程

四、数学项目学习驱动问题设计

（一）问题情境理论研讨

教育心理学中阐述“问题”是指给定信息和要达到的目标之间有某些障碍需要被克服的刺激情境。而在教育学中，阐明“情境”表现为多重刺激模式、事件和对象等。可以看出问题情境与问题解决有着紧密的联系，并且对于问题的提出和分析有着促进作用。

早在20世纪20年代，桑代克和斯金纳的操作性条件反射理论中就提到了情境的重要性，他们指出学习是使一定的情境或刺激与一定的反应相联结，并得到强化，最终获得某种结果的过程，这样的刺激—反应理论离不开情境的作用。

建构主义者提出了情境性认知理论，其学习观认为学习具有情境性，强调学习、知识与技能的情境性，认为知识是存在于具体的、情境的、可感知的活动中的，只有通过具体的实际活动才能够被人所认知和理解。

生活中有很多问题与数学息息相关，这些实际问题可以称得上是数学学习的良好情境，将情境抽象出来用于教材的编写，进而促进学生的学习将会产生很好的学习效果。在本书中，将数学项目学习中的背景性问题称为驱动问题，并对其加以分类和研究。

对于情境的研究有很多，从不同角度对问题情境进行了分类和研究。

贵州师范大学的吕传汉、汪秉彝及其团队研究了集中在课堂教学中如何有效创设问题情境及其与提出问题之间的关系。其论著中对数学问题做出了如下分类：

（1）以文字语言表达的情境，语义丰富；

（2）以数学符号语言表达的情境，简洁而抽象；

（3）以图形语言表达的情境，形象而直观。

国际学生评估项目PISA根据与学生实际生活的距离远近把数学情境划分为以下四种情境：个人类情境、教育类情境、公共类情境和科学类情境。

（1）个人类情境，是指与学生个人的日常生活直接相关的情境；

（2）教育类情境，是指出现在学生的学校生活中，或者是工作中的情境；

（3）公共类情境，是指与所在社区以及更大范围的社区相联系，这要求学生扩大视角，观察周围环境；

（4）科学类情境，是指更加抽象的情境，可能涉及对一个技术过程、理论情境或明确提出的数学问题的理解。

以上两种分类都表达了情境的差异性，而分类有所不同，第一种分类通过情境的语言来分类，后者是通过情境本身与学生的距离来分类。

基于上述专家及机构对问题情境的一些基本分类，本书将不同驱动问题分成如下四种情况：

（1）根据驱动问题是否含有历史故事来划分：

A.联系历史发展的问题情境

B.直击现实问题的问题情境

（2）根据是否含有冗余条件来划分：

A.有冗余条件的问题情境

B.无冗余条件的问题情境

（3）根据与学生生活贴近程度来划分：

A.个人生活型问题情境

B.社会生活型问题情境

（4）根据问题解决的结果来划分：

A.结果唯一型问题情境

B.结果开放型问题情境

（二）驱动问题分类示例

所谓驱动问题，是指项目学习中大的问题背景，即统领项目学习的问题情境背景。根据问题情境的特点及数学项目学习材料的内容，本书将驱动问题分成如下四个角度，每个角度都分成两类。

1. 根据驱动问题是否含有历史故事来划分，包括联系历史发展的问题情境和直击现实问题的问题情境。

例如，下面的项目改编自 *101 Mathematical Projects* 的“测量”（*Measurement*）部分第2篇“测量时间”（*Measuring time*），其中的驱动问题就属于联系历史发展的问题情境。

案例17　测量时间[①]

驱动问题：公共交通运行要根据一个预定的时间表，广播和电视节目也要从精确的时间开始，上班、下班，上学、放学都有固定的时间，工作或上学的早或晚都源于我们对时间的确定。人们是如何测量时间的？在历史发展中，时间的测量是如何变化的？

1. 利用自然规律测试时间

（1）一天中，一根竖直的棍子的影子移动促进了影子钟和日晷的发展。制作和校准一个影子钟，你能发现什么？日晷由晷针和晷面组成，为什么日晷的晷面和晷针之间的夹角等于它使用地的纬度？

（2）日常生活中哪些周期性事件可用作时间测量的基础？它们的优点和缺点分别是什么？

（3）地球上的不同时区的时间有何不同？怎样用时差进行

① 项目改编者：杨广娇，北京工业大学附属中学。

换算？

2. 利用装置测试时间

(1) 水钟（如图）的基本原理是，在一个大容器侧面开洞后，通过测量滴漏的水滴数记录时间。水钟是如何测量时间的呢？你能否通过一个实验来说明流速是如何受水的深度影响的？水的高度与时间有怎样的关系呢？

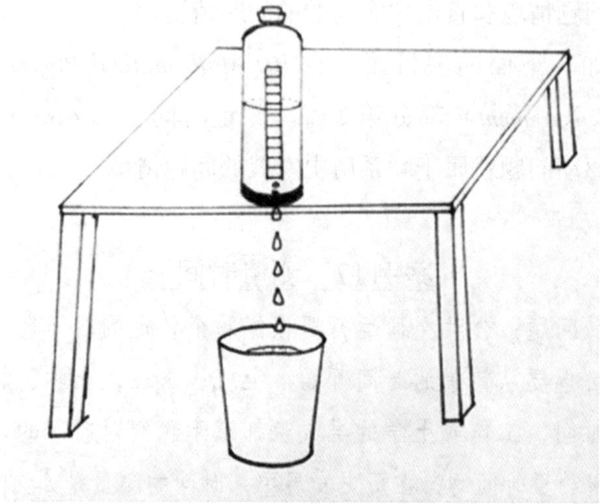

(2) 把一个重物悬挂在一根线上，做一个简单的摆锤，研究不同长度的线在多次摆动中的用时。时间如何随着重量、摆幅、弦长的变化而变化？如果一个钟摆的长度是另一个钟摆的四倍，那么它们摆动的次数之间的关系是什么？

(3) 是什么促进了航海时钟的发展？航海时钟运作的原理是什么？它的出现解决了哪些问题？

(4) 调查钟表装置，分析它是如何工作的。

(5) 如何设计一个计算机程序，做出一个模拟数字时钟的显示装置？

文中指出利用日晷、滴漏、钟摆、太阳等一系列测量时间的方法，介绍时间测量的历史发展，设计现代化测量时间的方法，突出了含有历史故事的特点。

2. 根据驱动问题是否含有冗余条件来划分，包括有冗余条件的问题情境和无冗余条件的问题情境。

有冗余条件的问题情境在数学项目学习材料中体现为具有多余条件的问题。

例如，下面的项目改编自 *101 Mathematical Projects* 的“家庭”（*The home*）部分第36篇“电去哪儿了”（*Where has all the electricity gone*），其中的驱动问题中包含冗余条件。

案例18 生活中的电费账单[①]

一、项目学习

每个季度，大部分家庭都会拿到一份电费账单。家中电器的功率、用电时长、用电时段等都会对账单有所影响。那么这种影响究竟是怎样的呢？怎样才能降低用电支出呢？

二、项目目标

通过查看家里所有不同电器设备的功率，计算家庭用电量，提出如何在下个月减少电费支出，节约用电，同时，在完成项目的过程中学习一次函数的相关知识。

三、具体实施方案

任务1 查看你家这个月的电费账单，理解账单上的各项指标的真正含义。

任务2 查看家里所有电器的功率。

① 项目改编者：迟颖，北京市密云区第二中学。

任务3 （1）查找资料，厘清功率、时间、电量、缴费金额之间的关系，了解一次函数的概念；

（2）画出功率、时间与电量及电量、电费单价和缴费金额之间的函数图象，探究一次函数的性质。

任务4 提出相应的减少电费的措施。

参考：

1．居民一户一表电价

电压等级		电度单价（元）	时段分时价（元）	
			高峰电价时段（8:00–22:00）	低谷电价时段（22:00–次日8:00）
不满1千伏“一户一表”居民用电	月用电量50千瓦时及以下部分	0.538	0.568	0.228
	月用电量51~200千瓦时部分	0.568	0.598	0.318
	月用电量200千瓦时及以上部分	0.636	0.668	0.388

2．用电量的计算公式

（1）本期示度–上期示度=电量；

（2）功率×时间=电量；

（3）电费单价×电量=缴费金额。

文中给出很多参考资料，这些内容对于数学运算来说含有冗余信息。

3. 根据与学生生活贴近程度来划分，包括个人生活型问题情境和社会生活型问题情境。

生活中比较贴近学生的问题，例如体育锻炼、游戏、购物、家庭设计等问题归为个人生活型问题情境；距离学生较远的问题，例如货运问题、工程问题、科技问题、公共服务问题、方案优化问题等归类为社会生活型问题情境。

例如，下面的项目改编自*101 Mathematical Projects*的“测量”（*Measurement*）部分第7篇“控制体重”（*Weight watching*），问题情境关乎学生自身问题，贴近学生，属于个人生活型问题情境。

案例19　体重监控[①]

驱动问题：有的人被认为超重或体重不足，或者属于正常体重，其判断依据为个人体重与健康体重的关系。人的体重与什么有关呢？界定健康体重需要考虑哪些因素呢？

1．从人出生的那一刻起，一个人的体重如何随着年龄的增长而变化？

2．在特定的年龄段内，如何确定这个年龄段的健康体重标准？确定标准体重时需要考虑哪些因素？

3．体重与人们的身体健康指数存在什么样的关系？

4．如何维持健康体重？

驱动问题为研究体重问题，并关注身体健康，与学生生活密切相关，因此属于个人生活型问题情境。

再如，下面的项目改编自*101 Mathematical Projects*的“科技”（*Technology*）部分第68篇“起重机”（*Cranes*），它属于社会生活型问题情境。

① 项目改编者：杨广娇，北京工业大学附属中学。

案例20 起重机中的数学[①]

一、项目学习

起重机分为好多种类，我们经常在建筑工地看到工作的起重机，那么起重机到底是如何工作的呢？起重机中有什么数学知识呢？

二、项目目标

研究起重机中蕴含的锐角三角函数，通过对力臂长度、物体距机身的水平距离、力臂顶点距地面高度和力臂与水平面夹角之间的量的关系，探究有关锐角三角函数的知识。

三、具体实施过程

任务1 查阅资料，思考起重机的工作过程可以抽象成怎样的数学模型。

任务2 利用适当的工具，比如木棍、绳子、长方体盒子，制作一个简易起重机。

任务3 回忆所学过的勾股定理，并通过测量、比值等方法，找到不变的量。探究力臂长度、物体距机身的水平距离、力臂顶点距地面高度和力臂与水平面夹角这四者之间的关系。

4. 根据问题解决的结果来划分，包括结果唯一型问题情境和结果开放型问题情境。

若问题解决的结果指向单一问题解决方式，或者指向本项目中所提到的某个小问题的具体解答，此时属于结果唯一型问题情境。若问题解决的结果多样，则属于结果开放型问题情境。

例如：*101 Mathematical Projects* 的“科技”（*Technology*）部分第66篇“如何有效利用茶壶”（*How effective is a teacosy*）中的

---

① 项目改编者：迟颖，北京市密云区第二中学。

项目成果指向数学知识的发现，属于结果唯一型问题情境。

其任务为："发现实验数据中的代数关系，并用表格来表达你的实验结果"。本项目指向某一具体的问题结果，因而属于结果唯一型问题情境。

再如：*101 Mathematical Projects*的"科技"（*Technology*）部分第68篇"起重机"（*Cranes*）中的问题解决结果就属于结果开放型问题情境。

其任务为："做出模型来研究滑轮的效能"。这是在起重机研究的基础上提出的问题，具有创新性，并且结果不唯一，因而属于结果开放型问题情境。

（三）驱动问题设计要领

*101 Mathematical Projects*中将不同的问题情境分成了13个模块，通过对其中101个驱动问题的分类统计，发现*101 Mathematical Projects*学习材料的驱动问题在个人生活类情境和社会生活类情境方面均有充分运用，问题内容贴近学生生活的情境包括控制体重、游戏等，此外，还有关乎社会发展、科技、信息等不同的情境，例如公共交通、供水、模拟用电装置寿命、厨房设计、房间装饰等。驱动问题是整个项目的背景和前提，而适当、丰富的内容会增强学生的学习兴趣，让学生感受到生活中的数学、数学中的生活，培养学生的模型思想、应用意识。

设计结果唯一型驱动问题时，领航问题以指向操作型为主，启发思考型为辅，指向任务布置的问题不必太多但要保证精致；设计结果开放型驱动问题时，领航问题以启发思考型为主，指向操作型为辅。

驱动问题的表述既可以是比较开放的，也可以采用"是否"

的方式。无论采取什么形式，都要确保学生通过这个问题能够进行比较充分的思考，要给学生提供多样化选择的机会。

有时你可以试着将驱动问题设计得更吸引人，当然，一个严谨的学术性问题也是不错的。但是无论如何，不要让学生认为这个任务是为了老师而做的。

适当地在驱动问题中引入未来视角也是一种选择，例如，我们如何在2035年讲授数学课？这样的假设可以给学习者展现自己愿景的机会，体现了开放性和创造性。

关于如何设计驱动问题，还有更多的资料可以参考，例如PBL协会网站上的建议[1]。

五、数学项目学习领航问题设计

（一）领航问题分类

所谓领航问题，即为引导和贯穿驱动问题解决的全过程的问题串，能够起到解释、提示、引导的作用，并能够推进问题解决的进程。项目学习中要设计很多领航问题，问题的类型多样，在此将领航问题分成四类：指向任务布置、启发思考、指向操作和提供参考资料。

1. 指向任务布置

指向任务布置是指问题的提出针对项目任务的要求。例如，*101 Mathematical Projects*的“家庭”（*The home*）部分第32篇“搬家”（*Moving house*）中提道：调查研究并探讨成本不同的地毯和

① 参见：Driving Question (DQ) Refining Protocol. [EB/OL]. [2020-06-01]. http://www.pblassociates.com.

窗帘的材料，估计总费用。此处是在学习的基础上进行的调查研究，指向任务布置。

2. 启发思考

启发思考是指问题的提出能够引导学生的思考方向和深度，起到提示和引导的作用，通过思考一系列问题，学生能够逐渐深入地研究项目。例如，下面的项目改编自*101 Mathematical Projects*的“科技”（*Technology*）部分第35篇“花园设计”（*In the garden*）。

案例21 花园设计[①]

驱动问题：在家庭住宅区种植着多种多样的植物，打理一个花园会遇到各种问题，如何用数学知识解决呢？

问题1 如何种植蔬菜——在一年内自给自足

设计一个种植蔬菜的计划，花园的大小为9 m×30 m。计算种植蔬菜的开销与收益，目标是一年内自给自足。

可能需要考虑的因素：种子、植物、肥料、除草剂、工具的费用；劳动力的工资；每种蔬菜的销量；每种蔬菜需要的种植空间；一套轮作系统；储存的费用（例如，冷藏）等。

问题2 研究肥料的使用对蔬菜的影响

开展一项实验来调查肥料的影响。以种植西葫芦为例，可以对西葫芦植株做多种处理。一部分植株可以作为对照组，不施加任何特殊的影响。确保所有植物的土壤条件是一致的。定期记录西葫芦的长度并且在实验最后测量重量。最后完成一篇面向园艺种植杂志的报告。

① 项目改编者：于千，郑东新区心怡路小学。

问题3　草坪维护中的问题

维护一片草坪需要花费多少？

可能需要考虑的因素：一部草坪割草机的费用；电、汽油、燃油的费用；其他工具的使用费用（比如耙地机）；肥料和除草剂的费用；割草花费的时间（取决于草的长度吗?）；等等。

修建草坪的最佳路径是什么？

假设有一块长方形草坪，怎样设计修剪路线？

问题4　修建一条小路需要花费多少？

设计一条小路或者露台，用铺路板铺。铺路板可以是多种形状和颜色，计算你的计划费用。

问题5　设计一个花园

为一个新房子设计一个花园，包括草坪、边界、假山、灌木丛、果树等，并把你的设计呈现出来。

其中多个连续的问题通过问题串的形式提供了设计中需要考虑的因素，明确了思考的方向和要求，属于启发思考型领航问题。

3. 指向操作

指向操作是指问题的提出能够明确学生的具体操作目的和方法，起到辅助和提示的作用，通过一系列的操作提示问题，学生能够找到实践的方向，更有效地促进学生完成实践活动，进而使学生在动手操作中体会项目中的数学问题。例如，下面的项目改编自 *101 Mathematical Projects* 的“空间几何”（*Space*）部分第75篇“折纸”（*Paper folding*）。

案例22 几何中的折纸[1]

驱动问题：通过折叠三角形、正方形、长方形等形状的纸片，你能得到哪些数学结论？

问题1 用折纸证明三角形的性质

（1）三角形内角和为180°。

（2）三角形角平分线相交于一点；高相交于一点；中线相交于一点；垂直平分线相交于一点。

问题2 折出多边形

（1）折出一对平行线和一个矩形。

（2）折出平行四边形、菱形、筝形、箭形和等腰三角形。

（3）折出一个等边三角形以及正六边形。

（4）折出正五边形。提示：正五边形的对角线长与边长的比是黄金比。

问题3 勾股定理

利用一张正方形纸片折出勾股定理的一种证明方法。

4. 提供参考资料

提供参考资料是指在项目学习过程中，某些问题的描述并非特别详尽，这时需要学生额外阅读来丰富认知和理解。例如提出某些问题后并没有证明过程，此时有关证明的问题将会有相关参考资料的提示和附加；某些与生活联系紧密的问题，在项目学习过程中只是简单提到其与数学学习相关的一部分，其余拓展认知的部分也会附加参考资料提示；当解决问题的方法多种多样，而学习材料不能穷尽时，提供参考资料将会丰富方法，促进学生的

---

① 项目改编者：于千，郑东新区心怡路小学。

全方位理解。

（二）领航问题设计要领

通过对 *101 Mathematical Projects* 中项目文本的领航问题进行分类分析，本书通过指向任务布置、启发思考、指向操作和提供参考资料等四类领航问题分别考察了 *101 Mathematical Projects* 的领航问题情况。*101 Mathematical Projects* 的101篇项目文本中领航问题共有1 276个，平均每篇材料提出大约13个问题，可见引领一个项目的学习需要很多的问题支撑。将其分类，指向任务的问题占17.24%，启发思考的问题占44.36%，指向操作的问题占34.72%，提供参考资料的问题占3.68%。

设计领航问题的核心要点就是要紧密围绕驱动问题，层层递进。

大部分领航问题指向操作、启发思考，问题要层层递进、逐步深入，带领学生逐步思考或操作，由浅入深，促进对知识的把握。无论是并行的多角度的问题串，还是递进的问题串，在一系列问题的研究和思考后，教师要进行提升，设计具有拓展思考作用的问题。

六、数学项目学习的项目成果设计

（一）项目成果分类

项目成果是项目学习的特征，其内容和汇报形式均有独特之处，并且项目成果与项目相关性也各不相同，故从项目成果内容、项目成果与项目相关性、项目成果汇报形式三个方面进行数据统计与分析。

1. 项目成果内容

在项目成果内容方面，参考PISA对情境的划分，结合*101 Mathematical Projects*内容的特点，这里将内容本身分成社会性、生活性以及数学性。如前文所谈，还有学科交叉的项目，但此处不多做介绍。其中社会性是指与社会发展息息相关的科技、工程、信息发展等问题；生活性是指项目成果的内容偏向与学生生活环境息息相关的问题解决，如房屋装饰、购物、停车等具体问题；数学性是指在驱动问题指引下的数学项目学习中数学学习性更强，或指向数学学习探究的项目成果内容。

2. 项目成果与项目相关性

基于项目学习材料的独特性，本书从项目成果内容与项目学习问题相关性角度分析，将项目成果内容分为创新设计、操作实验、对比分析、调查延伸和报告说明五类。

（1）创新设计

创新设计项目成果体现为最后的项目成果以设计为主，包括方案设计、编程设计、模型设计等。例如：发明一种新的井字游戏版本；写一个计算机程序来模拟一个环岛交通流。

（2）操作实验

操作实验项目成果体现为最后的项目成果以设计实验进行操作为主。例如：基于你的模型组织一次五项全能的测试。

（3）对比分析

对比分析项目成果体现为最后的项目成果以对比分析、比较研究为主。例如，在*101 Mathematical Projects*的“家庭”（*The home*）部分第35篇“花园设计”（*In the garden*）中在产量部分提出了：比较不同蔬菜的产量，给出操作要求。这属于对比分析型项目成果。

（4）调查延伸

调查延伸项目成果体现为最后的项目成果以延伸项目为目的，基于项目学习所学到的内容，进一步进行探究或调查分析等。例如，在*101 Mathematical Projects*的“家庭”（*The home*）部分第32篇“搬家”（*Moving house*）中在资金管理部分提出了：从银行和建筑协会调查借款30 000元的成本，指出了需要进一步调查的要求。

（5）报告说明

报告说明项目成果体现为最后的项目成果以文字报告、解释说明等方式进行表达。例如：在*101 Mathematical Projects*的“家庭”（*The home*）部分第29篇“新厨房设计”（*Planning a new kitchen*）中对设计的汇报要求：假设你是厨房的主人，写一份报告，介绍厨房的相关的布局和细节设计以及选择的原因和建议。

3. 项目成果汇报形式

项目学习成果的探究可以分为独立完成形式和小组合作形式。项目学习并不排斥学生独立完成项目，也会侧重于独立思考，但这些问题的设置也需要精心考虑。而小组合作具有一定的优势，能够有效地培养学生合作交流的能力，增强团队意识。

例如，在*101 Mathematical Projects*的“家庭”（*The home*）部分第32篇“搬家”（*Moving house*）中在项目成果部分提出了：调查不同地板和窗帘材料的成本，并估计总成本。这样的项目成果需要通过小组合作的汇报形式完成。

在*101 Mathematical Projects*的“历史”（*History*）部分第49篇“计算天才”（*Calculating prodigies*）中对项目成果的要求提出

了：解释速算方法并寻找更多的相关计算。这样的项目成果要求学生独立完成并汇报。

（二）项目成果设计要领

通过对 *101 Mathematical Projects* 的 101 篇项目学习进行数据统计和分析，发现在项目成果内容方面，项目成果具有社会性、生活性、数学性三种性质，但三者所占比例相差不明显，而在项目成果与项目相关性方面各个角度差异较大，其中，创新设计型占 51.49%，操作实验型占 6.93%，对比分析型占 24.75%，调查延伸型占 38.61%，报告说明型占 10.89%。

创新设计型与调查延伸型的成果需要有一定的拓展性，例如，设计一款游戏，调查多种运动得分机制等。这样的问题开放性较强，有利于学生应用意识和创新意识的培养。

社会性项目成果的引导可以采用启发思考型为主的领航问题，配合指向操作的一些要求，适当地加入参考资料；社会性项目成果多采用小组合作的呈现方式，以及调查分析为主的学习方式。

现实生活性项目以启发思考型领航问题为主，适当增加参考文献量；项目成果的呈现兼用独立完成和小组合作两种形式。

数学性项目成果的领航问题采用指向操作型为主，兼备启发思考型问题，并根据数学知识加入指向资料参考型问题；项目成果的呈现多采用独立完成形式；学习方式以图示为主，实验操作为辅。

七、数学项目学习的学习方式设计

（一）学习方式分类

学习方式是项目学习过程中所采用的学习方法及过程，包括多种形式和内容，本书将从学习方式这一维度进一步研究数学项目学习材料的特征，希望得到一些相关的启示。例如，下面的项目改编自 *101 Mathematical Projects* 的第10篇“弹球”（*Bouncing balls*）。

案例23 球的弹跳[①]

驱动问题：不同的球从一个已知高度下落到某一特定表面时，它弹起的高度有什么不同？你知道什么条件影响了球的弹起高度吗？

1．当我们把同一个球（例如网球）放置在不同的高度时，它弹起的高度有什么变化规律呢？

2．当我们把同一个球（例如网球）打在混凝土、草地、黏土、木质等材料的表面上，它弹起的高度与不同的表面有什么关系呢？

3．当我们把不同类型的球打在同一个表面上，不同的球弹起的高度有什么不同吗？例如将一个高尔夫球和一个篮球同时打在混凝土表面上，它们弹起的高度有什么不同吗？

4．当我们在测试球的弹跳之前，把它放在已经加热到已知温度的水中，测试已经加热过的球和没有加热过的球的弹跳高度有什么不同？

---

① 项目改编者：杜瑶，北京景山学校朝阳学校。

5．当我们把同一个球（例如网球）放在球拍上反弹，球在球拍面的不同位置上反弹的高度有什么不同？

6．当我们把同一个球（例如网球）打到同一个表面上时，在球的每个弹跳处落地的位置测量每个弹跳的长度，观察球连续反弹的规律。

项目学习材料中大部分项目会先设置问题背景介绍，再进入分模块学习，因此环节设置上会有一些特点。上面这个项目学习通过提出项目要求—思考问题—操作要求—思考问题，或：项目小问题结论—操作方法提示—思考问题—方法提示/注意事项的方式来学习。综上，可以发现很多材料都出现了问题—操作—探究调查的学习过程。

在此过程中，学习的程序都有相似之处，但学习方式有所不同，包括通过实际操作或设计实验来观察、分析、探究学习；通过调查数据并统计分析的方式学习；通过图片展示或画图辅助来分析或通过查阅资料、阅读分析来进一步思考问题，故主要涉及四种学习方式：实验操作、调查分析、图示、资料参考。

此外，项目学习对技术支持有很大的需求，也有很多案例需要学生通过计算机编程来设计和呈现成果，故此处再加入计算机编程的方式。

1．实验操作

通过设计实验来观察、分析、探究学习，或通过具体的动手操作来进行项目探究学习。例如，下面的项目改编自*101 Mathematical Projects*的“游戏和娱乐”（*Games and amusements*）部分第23篇“可能性游戏设计”（*Designing games of chance*）。

案例24　设计机会游戏 ①

1. 掷骰子

游戏规则：顾客支付10便士，你同时扔两枚骰子，将朝上的数字相加。掷出某些数字顾客赢，掷出其他数字顾客输。

问题1　考虑36种可能的结果，在理论上利用预期的频率分析游戏的预计支付结果以及利润。

问题2　尝试使用不同的支付方案进行游戏，记录结果，将结果与理论预测进行比较。

问题3　制订不同的支付方案，从理论上分析并尝试一下。将方案进行比较，看哪个最吸引人。

2．弹子迷宫

游戏规则：顾客每次支付10便士，在板子的顶部扔1颗弹子(板子可以由胶合板制成，钉子之间的距离取决于弹子的直径，将木条粘在板上制成底部的通道，游戏示意图如下)。

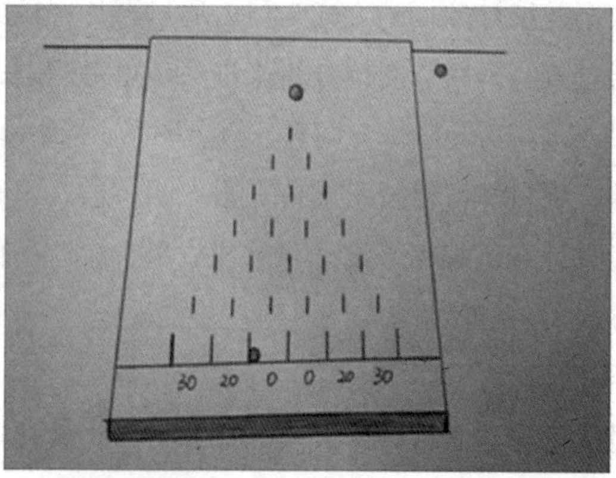

问题1　在顶部扔下32颗弹子，从理论上对游戏结果进行利润分析。

① 项目改编者：王莹莹，北大附中西三旗学校。

问题2 制订不同的支付方案，从理论上分析并尝试一下。将方案进行比较，看哪个最吸引人?

3．滚硬币

游戏规则：顾客支付10便士，将1枚硬币掷入正方形网格中，如果硬币在停止时不压住正方形的边，则赢得20便士（投币滚筒可以由一个三角形木块切割而成，也可以由一张厚厚的卡片折叠而成，游戏示意图如下)。

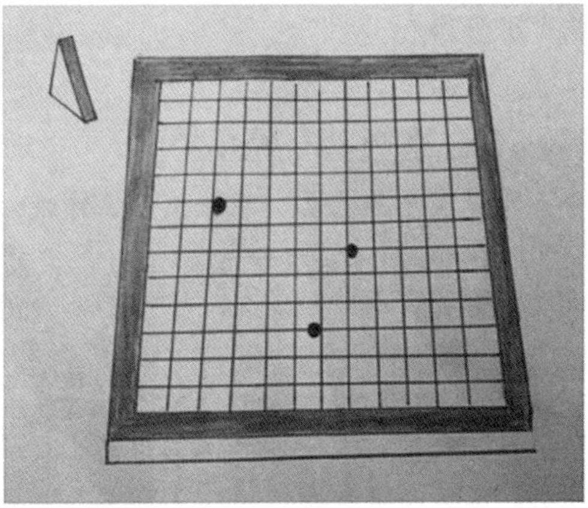

问题1 当正方形的边是硬币直径的2倍时，每游戏4次，预计将会得到的利润。

问题2 对游戏的道具进行发明设计，从理论上分析并尝试一下。将不同的设计方案进行比较，看哪个最吸引人。

例如：(1) 改变正方形的大小；

(2) 在每次游戏时使用一些不同色彩的正方形；

(3) 使用不同类型的网格，如细分为其他形状。

4．抓牌

游戏规则：顾客支付10便士，从装有混合牌的袋子中抓两张牌，顾客必须得到两张相同套装的牌或两张相同面额的牌（例如两个6）才算赢。

问题1　计算出这个方案的理论利润，并尝试一下。

问题2　设计、分析和尝试不同数字的支付方案，以获得胜利。

2. 调查分析

通过调查数据并统计分析的方式学习。例如，下面的项目改编自*101 Mathematical Projects*的“交通”（*Transport*）部分第55篇“停车”（*Car parking*）。

案例25　停车场①

驱动问题：随着汽车的增加，在城镇和工作地点停车的问题日益突出。分析如何在一个地区提供停车位，以及如何改善停车位。

问题1　合理地预计出100 m长的路段能够停多少辆汽车。

测量典型汽车的长度以及它们之间的距离。可以使用它们的停车计时器之间的距离进行比较。

问题2　为了能使车门打开需要留出多少空间？每两排之间需要多少空间能使车辆顺利通过？汽车转弯是如何影响所需空间的？

研究当地的地面停车场，并注意隔距是如何标记的，或者如果没有标记隔距，驾驶员是如何停车的。

调查残疾司机使用轮椅需要多少空间，并检查隔距能否使残疾人使用轮椅通过。

问题3　比较不同类型的停车场。

① 项目改编者：王莹莹，北大附中西三旗学校。

与购物中心及高速公路服务站有关的短期停车场和与工作场所有关的长期停车场有什么不同?

为了看足球比赛，为什么汽车可以在渡轮上或公园里停靠得很近呢?比较这种停车场的效率。

问题4 调查学校操场或其他合适的场地，看一看如何将其规划为停车场。

问题5 设计停车场。

设计一个多层的、可容纳400辆汽车的城市购物区的停车场。提供计划、立面图和比例模型。

问题6 调查停车场。

调查一天内、一周内平均有多少辆汽车在当地购物中心使用停车场?

调查地方政府预期从停车场获得的年收入是多少。

3. 图示

通过图片展示或画图辅助来分析思考的学习方式。例如，在*101 Mathematical Projects*的“家庭”（*The home*）部分第33篇“自制双层玻璃”（*DIY secondary double-glazing*）中有这样的图示学习：

33 · DIY secondary double-glazing

There is much emphasis these days on energy conservation, and one way to reduce significantly the heat loss from a house is to double-glaze the windows. DIY centres stock a wide range of materials for doing this and the planning and costing of such an operation for a number of windows in a known house would form the basis of a worthwhile project.

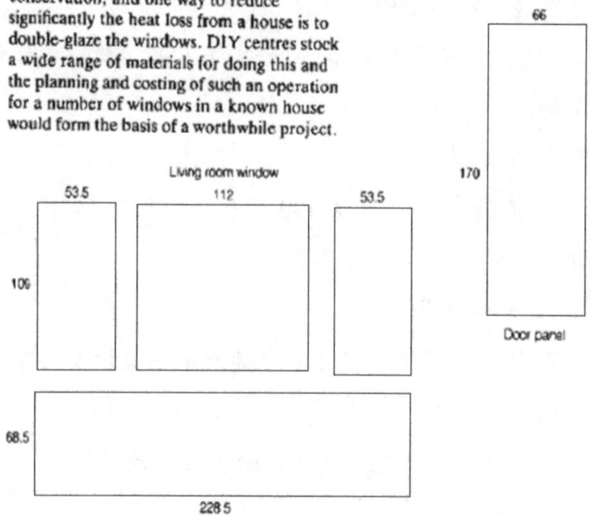

图3-2 项目示例之自制双层玻璃①

4. 资料参考

通过查阅资料、阅读分析来辅助思考问题的学习方式。例如，在*101 Mathematical Projects*的“历史”（*History*）部分第48篇“毕达哥拉斯定理”（*Pythagoras' theorem*）中，请学生查阅证明毕达哥拉斯定理的资料。

5. 计算机编程

通过计算机编程来辅助学习或成果展示的学习方式。例如，在*101 Mathematical Projects*的“预算”（*Budgeting*）部分第45篇“财务计算”（*Financial arithmetic*）中有通过编程辅助学习的方式

① BOLT B. HOBBS D 101 Mathematical Projects[M]. New York：Cambridge University Press，1989.

提示：可以编写简短的计算机程序来估算购买和租用抵押金的问题；在*101 Mathematical Projects*的“交通”（*Transport*）部分第53篇“交通信号灯”（*Traffic lights*）中有对计算机编程项目成果的要求：“请设计一个计算机程序，模拟交通信号灯的运行，并给出相关的展示。

（二）学习方式设计要领

针对*101 Mathematical Projects*中的学习方式，从实验操作、调查分析、图示、资料参考和计算机编程五个角度进行了统计和分析。调查结果显示，其中涉及实验操作类型的有35.64%，涉及调查分析类型的有60.40%，涉及图示类型的有41.58%，涉及资料参考的有19.80%，涉及计算机编程的有15.84%。

在实验操作类的学习中，学生不仅要锻炼动手操作能力，更要从中体会到数学的价值，从“做中学”的视角来分析，设计者需要考虑其中的学习目标。一般来说教师要给学生提供明确的操作须知，使其动手操作更具有目的性。

在计算机编程的学习中，教师要利用丰富的网络资源和硬件设施，鼓励学生探索基本的编程方式，利用电脑软件探索问题的解决方案。

八、数学项目学习设计自查

项目学习的资源能够使学生更容易理解所学的数学内容，也更容易激发学生的学习兴趣，使学生快速进入问题情境当中，并按照项目预设进行数学学习。这种数学项目学习资源应是知识、情境、方法的融合，并非提出一个简单的任务。需要按照课程标准的要求，严格、精细地设计每一个环节、流程。

在设计了一个项目后，教师可以利用下表来帮助自己核查和改进项目。

表3-1　数学项目学习设计自查表

维度	细目	是否达成
驱动问题	• 这个驱动问题对学生是有挑战的 • 这个驱动问题是学生可以理解的 • 学生可以综合运用多领域知识和多种技术手段解决问题 • 学生可以用多样化的方法解决驱动问题	
领航问题	• 领航问题可以将驱动问题有效拆分 • 领航问题切入了数学核心知识的理解 • 领航问题可以面向不同水平和不同学习风格的学生 • 领航问题要指向数学基础知识、基本技能、基本思想	
项目成果	• 项目成果体现了数学知识 • 项目成果需要一定的技术支持 • 制作优秀的项目成果需要专业人士的帮助 • 给学生预留的成果完成时间是充裕的 • 成果展示的要求中包含学生的项目答辩	

（续表）

维度	细目	是否达成
学习方式	• 已经预留出充分的学生自主空间 • 学生可以形成他们自己的问题 • 学生有可能对问题进行充分的独立思考 • 需要通过合作交流来学习必备知识 • 需要通过协作来完成项目 • 学生需要自行查找项目所需的部分资源	
评价方式	• 评价关注了学生的学习品质 • 评价的方式是与学生共享的 • 师生可以利用评价促进学习 • 评价内容涵盖了每一个项目目标	

在实际项目开发中往往要进行反复探索和更新，要经过多轮的反复推敲才能最终成形。设计数学项目学习是一个循环往复的过程，要经过不断打磨才能开发出既达到数学知识要求，又满足项目要求的学习资源。

数学项目点子 12

NBA是如何制定篮球赛程的？考虑到比赛地点之间的距离、主场优势等因素，你会怎么做这样的计划？你能为主场比赛设计一个好的计划表吗？

数学项目点子 13

研究黄金分割在艺术、建筑、生物学和几何学上的表现，以及它与连续分数、斐波那契数列的联系。

第三节 数学项目学习的学习历程

一、数学项目学习的实施

（一）项目学习的实施流程

已得到公认的是，在数学课堂上，我们不仅应当教授运算和推理，还应教授问题解决、批判性思考、创造性思维，等等。学生应在数学课上丰富充实的问题情境中运用相互联系的数学技能解决问题，其中既包括数学问题，也包括现实问题。通过学习，学生对数学与现实的联系形成更深刻的认识，同时也可以发展他们的协作能力，促使其社会化水平日益提升。

关于数学项目学习的实施，国内的相关实践与研究仍比较少，但其他学科的项目学习的实施过程已有一些学者做了一定的研究。下面，将具体探讨不同的项目学习的实施过程。

项目学习作为一种学习模式，关于它的学科应用实施过程的研究也呈现出一定的共性。吴莉霞在其硕士论文《活动理论框架下的基于项目学习——PBL的研究与设计》中对于项目学习的操作流程做出了简明的概括，如下图所示：

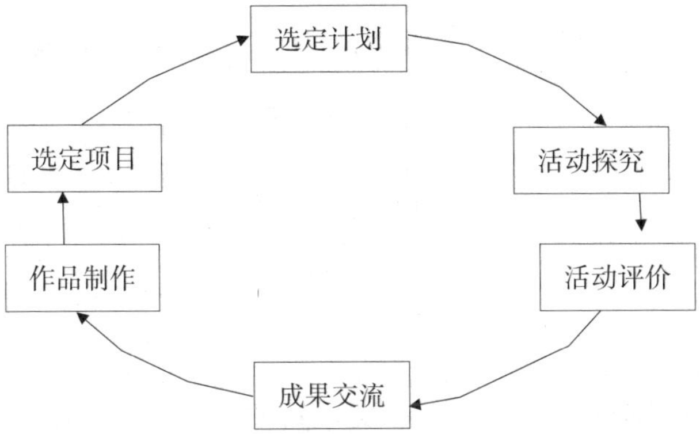

图3-3 项目学习的操作流程①

台湾地区项目学习在学科中应用的实施过程大抵相同，台湾高雄师范大学的郭育汝在其硕士论文《华文教学于跨国项目学习之运用研究——以屏东女中为例》中表达了这样的运用模式，如下图所示：

① 吴莉霞.活动理论框架下的基于项目学习——PBL的研究与设计[D].武汉：华中师范大学，2006.

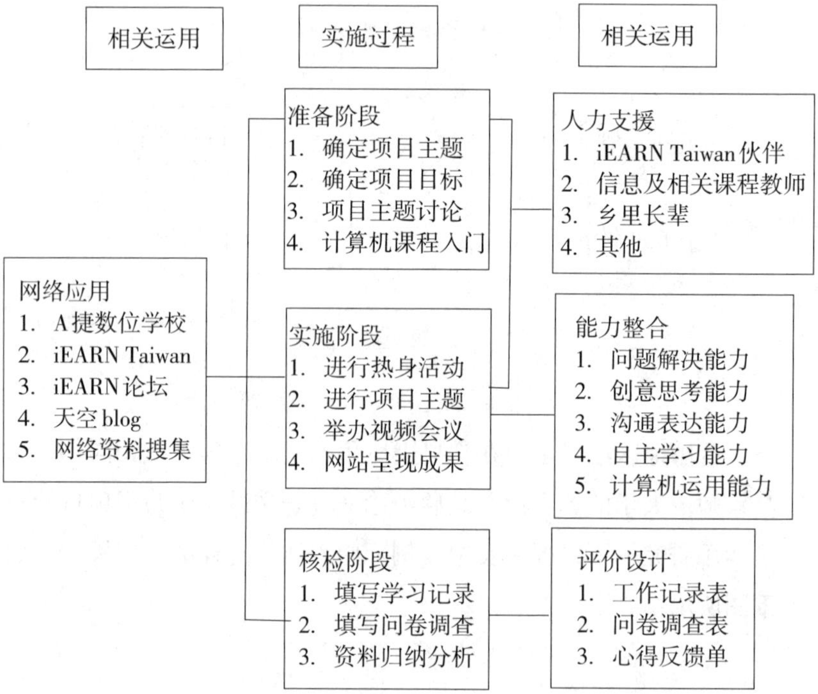

图3-4 项目学习运用模式

除了运用模式，还有一些学者关注学习中的其他问题，邬彤提出在基于项目的学习在信息技术教学过程中应始终强调以学生为中心，教师提供指导，帮助协调和监控，其主要环节及师生的活动如下图所示：

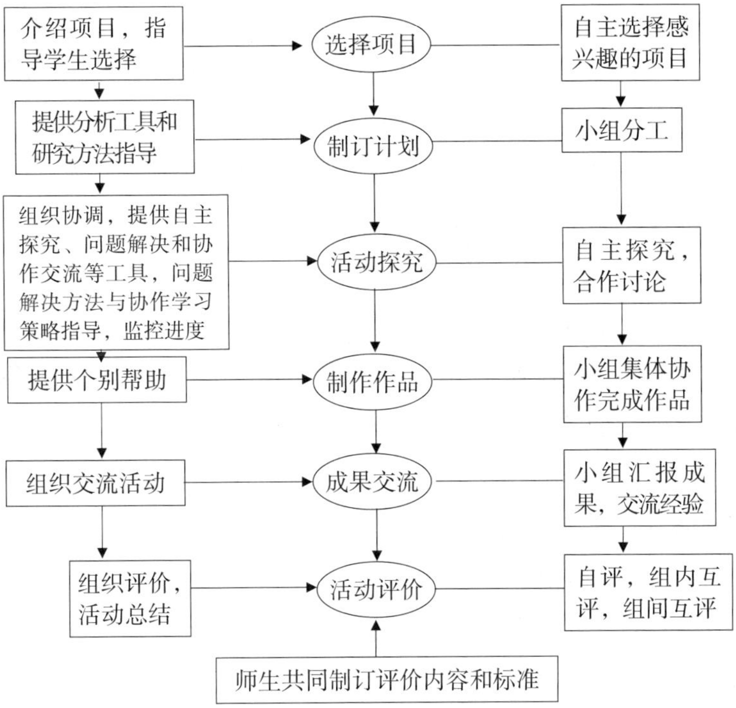

图3-5 项目学习流程图①

还有很多学者对项目学习的实施阐述了自己的想法和设计，孔凡士等学者认为项目学习的实施一般分为“项目背景—项目任务—活动探究—作品制作—成果交流—项目评价”六个环节②。王林发在“中国小说欣赏”课程中运用Moodle模式实施了项目学习，他认为“项目背景、项目评价的组织实施由教师起主导作用；作品制作、成果交流、活动探究的问题解决由学生发挥认知

① 郤彤.基于项目的学习在信息技术教学中的应用[J].中国电化教育，2009（6）95-98.

② 孔凡士，刘秀敏.基于VCT的项目学习构建策略探究[J].现代教育技术,2009（9）：37-39.

主体作用；项目任务则为学生进行项目学习的主线”[1]。刘西佳表示“项目学习的过程包括项目的选择、项目计划的制订、项目的开展、项目作品的制作、项目成果的展示以及项目评价”[2]。可以看出大多数学者在项目学习的实施中都关注项目背景、活动设置、学习方法以及评价机制，这些要素是项目学习中比较重要的部分。

根据以上对项目学习模式的不同表达形式的综述，可以看到项目学习的实施过程大致相似，一般可以分为项目学习活动前的准备、项目学习过程中的指导与管理、项目实施后的评价与反思等。前文三幅图中，研究者通过图示将项目学习的实施过程描述得具体直观，图3-3强调了成果的展示和项目的评价过程，简明清晰，图3-4体现了过程的整体性，图3-5加入了相关的学生活动，将项目学习的学习对象活动描述得很具体。后面三位学者采用文字表述法，简洁明了。刘西佳的文章中体现了项目成果的展示以及项目评价，这也是项目学习的部分特征。此外，巴克教育研究所对项目学习的过程表述侧重于项目启动阶段，这对于教师以及教材编写者起到了很好的指导作用。

理想的项目学习要围绕一个知识单元进行学习，持续2~3周的时间，甚至可以有后续的拓展，其历程可以简示为下图：

① 王林发.基于Moodle的“中国小说欣赏”项目学习实践与探索——以高中语文选修课“水浒传”为例[J].中国电化教育，2010（12）：82-86.

② 刘西佳.初中科学学科应用项目学习的实践研究[D].上海：上海师范大学，2013.

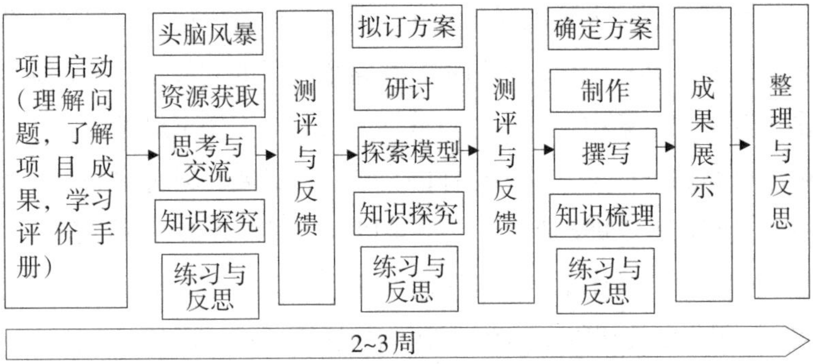

图3-6 数学项目学习历程图示

（二）课堂管理与组织

组织一个成功的数学项目学习课堂需要考虑哪些要素呢？

关键要有非常有效的项目活动安排和严格科学的活动组织。要提供有意义的项目，最好是面向现实生活的，或面向数学问题研究的有意义的项目；要有较丰富的基本学习资源的支持；要体现学生的学习与思考过程，在各种各样的任务中，他们需要思考不同的问题及其解决策略，收集和分析信息条件，并且通过协作来形成问题解决的模型，再通过求解模型来解决问题。

项目学习的课堂组织是十分有挑战性的。课堂上学习内容的差异对学生学习积极性的激发程度也不一样，还要充分考虑到很多动手操作类的项目需要学生有充分的活动空间，何况，有些项目学习发生在教室之外，因此需要有很好的纪律调控。

在最初介绍项目导语的环节中，教师要事先对项目有充分的分析，不必急于开展活动，应鼓励学生先自己思考，提取这个项目的关键信息，对项目的完成有一个初步的判断。在此阶段，教师需要提出实施这个项目的基本要求。基本要求在最初就要明确，实施过程中还可以再设置一些即时的要求。

教师要明确规定项目用时，包括完成整个项目预计需要的时间以及每个环节大致需要的时间，虽然实施过程中也可以灵活调整，但是要有一个统一的约定。在整个项目的完成过程中教师会多次带领学生集中在一起，对数学方法和知识做出思考，对问题解决思路做出反思。设置这样的节点非常必要，通过这些集中研讨，对问题推进进行调控，并且可以更清晰地认识数学知识。

有的项目需要学生在课余时间去完成，那么教师也需要及时跟进。例如，如果要求学生在领到任务之后用一周的时间完成一个项目，那么有时难免会形成一个人完成任务的局面，或者有的小组可能会难以推进，影响最后的项目学习效果，项目学习过程中的调控和监督就显得非常必要。

有时项目学习的实施过程历时较长，如果其间受到其他突发事件的影响，就无法保障项目学习展示的时间。此时教师就要调整策略，可以让学生录制视频后在线交流，或者选择两三个小组在一起讨论推荐出一个较为优秀的项目成果，然后再进行全班或全年级展示。总之，展示方式是灵活多样的，展示服务于学习效果，但是也受到时间和场地的影响。

整个实施过程中，教师除了要关注教学管理，还要特别关注学生的学习方式、知识的掌握、学习技能的形成等。因为在综合复杂且有挑战性的问题解决过程之中，学生可能会忽略基础知识、基本技能，或者有时只侧重于一部分技能和方法而忽略了全局。

（三）教师的教学引领

一个成功的数学项目学习课堂应以学生为中心，有学生的独立思考、合作、交流、分享。教师首先应当是数学课程标准的代言人，教师对数学课程中的要求要有充分的、深入的认识，包括课程的目标、课程的内容、课程的学习方式等。继而要对自己将要实施的项目有清晰的认识，无论是独立设计项目还是改编成熟的项目，都需要对项目的整体框架和具体实施过程有全面的把握。

在数学项目学习中，学生需要进行充分的数学探究，这是学习的重要组成部分，教师要引导和激励学生做出假设和猜想，并尝试去验证假设进而解决问题。因而，与传统课堂相比，教师的角色有了很大转变，教师的职责更多体现为对教学的组织以及提供适宜的支持，而不仅是知识的传递。

在拿到项目的时候，教师要和学生一起去分析，思考这个项目中的主干问题是什么？解决问题的难点是什么？带领学生一起对项目进行头脑风暴式的讨论，对项目的开展有促进作用，丰富多样的想法和发散性思维的形成也需要最初的研讨来奠基。

教师要对学生解决问题过程中需要用到的数学方法和数学知识给予必要的支持，这种支持确实类似于传统的数学教学，但是知识的学习变得更加有目的性。解决问题的过程中，知识支持转变为学习过程的一部分而不仅仅是学习结果，随着问题探究的不断深入，数学知识还需要进一步扩充。使学生能够逐步感知到解决问题与基础知识的关系。

教师要给学生提供解决问题的建议，这种建议最好是多样化的，并且可以为不同水平的学生提供帮助和启发。学生出现错误时，教师要尝试协助学生在错误中发现改进问题的方向，并且鼓励他们去深入思考，而不是因错误搁置思考，阻碍分析的深度。教师要试着引导学生将各种各样的思考整理分类，尝试找出不同的解决问题策略，可以按照角度来划分类别，也可以按照层次来划分类别。教师要对学生的解决问题策略给予肯定，并进一步引导学生思考同一种策略还可以解决哪些同类问题。

值得一提的是，要确保学生在完成项目的过程中应用核心的数学知识，要避免其他因素影响学生的数学思考。

要引导学生去关注问题解决的时间进度，尽可能把握好时间节点。有时学生需要充足的独立思考时间，在独立思考过程中，教师可以提出几个关键性的问题来帮助他们分析清楚要着重思考的方向。对于一个项目来说，能够启动已经是很好的起点，不必急于推进，应给学生自己破茧的机会。

在研讨过程中，有的小组不能聚焦于问题本身，所以教师要将他们的讨论拉回到核心问题上。教师要关注被边缘化的学生和掌握话语权的学生，这两种学生的极端表现都不利于学生的合作交流和充分思考。即使有的学生善于分析问题，善于独立学习，也要给他们机会将想法分享给他人，以便激发整个小组的进一步思考。独立思考和小组合作都是项目学习中必不可少的学习形式，要充分发挥各种形式应有的作用。

要确保在每一个环节中，每一个学生都投入自己的角色中。教师还要充当摄像师的角色，记录学生的过程性表现，为过程性评价收集资料。

在学生进行分享与展示的环节，除了介绍成果的结果形态，还要鼓励学生展现自己的思考历程，以便进行不同思路的比较。教师一定要给予有针对性的回应，包括积极的肯定和建议性的意见，并且组织学生之间相互点评。

对教师而言，挑战主要包括两个方面：组织学生进行不同形式的学习；教师自身对项目的理解。

首先，教师要将学生分成小组合作完成任务，并且在合作中保障小组组织形式的有效性。

其次，教师要对问题解决的方法和过程给出适当的示范，这种示范与常规的数学知识学习和解题有很大不同，因其没有标准答案，策略也多种多样，所以对教师而言是有难度的。此外还要求教师基于现实背景呈现出对项目的多角度思考，其中最难的是进行批判性思考。

（四）学习环境的创设

项目学习与传统学习的学习环境存在非常大的差异，教师需要从多方面去考虑环境创设的问题。当然，下面所说的一些观点在讲授式的课堂中已经存在，可见，项目学习这一新型的学习方式对传统的学习方式已经产生了潜移默化的影响。

1. 个性化学习环境

学生可以运用自己的思维方式去思考问题、解决问题，可以运用自己的理解来学习数学。这种多样化、个性化的学习环境是项目学习的一个主要特征。

2. 对错误的包容环境

在项目学习的课堂中，学生的思路各不相同，所以教师要包容“错误的思路”。所谓“错误的思路”可以看作不够成熟的解决问题的思路，其实这都是探究过程中的必经环节。

3. 讨论的空间环境

项目学习在场地安排上与传统教学有很大差异，一般来说我们要为学生小组提供一个比较适合讨论和研究的场所。不要小看将桌子摆在一起的举动，这既是小组组成的物理环境，也是他们讨论的心理环境，调整座位编排有利于加强集体感。

4. 资料支持环境

项目学习需要有丰富的学习资料，例如，比较清晰的项目计划表、学生手册、评价量表等，还有其他的针对每个项目的阅读材料。师生还要准备研讨时用的记录纸、草稿纸和制作时用的素材。有些项目需要一定的技术支持，例如需要用到计算器、电脑软件、平板电脑等，在探索、制作和展示时项目学习所涉及的技术要求是非常广泛的。

5. 心理环境

在心理环境上学生要明确自己的学习义务，他们需要为完成项目而努力。在整个研究过程中，个人的思考和小组的交流都必须充分且深入，每个人都要对素材进行有见解的深入思考，每个人都要为小组的工作贡献力量。教师可以鼓励学生去评价自己在小组中的价值，评价同伴在小组中的价值，以使学生更好地调整自己的角色。

6. 师生关系环境

环境上的调适还要考虑到师生关系这种人文环境，项目学习的主体是学生，他们是知识的求索者，也是学习成果的创造者，教师起到了助推的作用。我们期望的是教师与学生之间相互尊重的学习环境，营造学生自主的课堂。

总之，在项目学习的课堂中，学生的高度投入是很重要的追求，他们在项目研究上显现出来的思考历程是非常宝贵的过程性表现，其中也蕴含了他们对数学以及数学应用价值的认识。我们能够看到项目学习与传统学习的一致性与差异。作为教师，当你实施了一次项目学习之后，你一定会有非常多的收获，同时对学生来说，也会有非常不一般的学习体验，他们可以从审视的视角去看待学习，可以更加关注基础知识和基本技能的应用性，学会尝试比较各种策略，尝试在富有意义的问题中去理解数学。

二、数学项目学习的成果交流

成果交流是项目学习实施过程中必备的环节，学生通过展示，向听者阐述他们对项目的理解，介绍他们的学习历程，呈现他们的项目成果。听者可以是教师和同学，也可以是家长。还可以组织学生在社区活动或其他社会活动中进行展示，适当邀请专业人士参与也是促进学生有效反思的一种方式。

成果展示可以激发学生的学习积极性，增强其社会责任感。下面我们从两个方面来讨论成果交流的要点，其一是成果交流的内容，其二是成果交流的形式。

1. 成果交流的内容

在交流的内容上，教师要关注学生是否介绍了研究思路，包括对问题的理解，对解决方案的分析及决策；还要关注学生是否展示了在解决问题过程中运用的数学方法、学习的数学知识、得到的结论，以及在研究过程中对遇到的问题的分析，对进一步的研究方向做出的展望。

教师可以在学生分享之后提出一些问题来促进他们完善自己的思考。例如，研究过程中形成的最初方案是什么？最初方案与现有方案有什么差异？你们是如何想到现有方案的？你们所运用的策略和方法有哪些？你们查阅了哪些资料？你们是如何筛选这些资料的？你们是如何判定自己的方案是有价值的？还有其他可行的方案吗？你们的小组是如何分工的？这个研究可以推广到其他领域吗？如果再给你们一些时间，你们会做出哪些进一步的探索？

2. 成果交流的形式

在成果交流形式的载体上，学生可以选择口头报告、小论文、海报、视频、PPT展示等方式。

要严格控制学生的交流时间，不宜过长或过短，并且要预留出提问的时间。

在成果交流的主体上，可以让每个小组选派一位或多位代表上台交流，也鼓励组外的同学或家长参与进来。在展示和答问的整个环节最好能确保所有学生都参与进来。

教师要鼓励其他小组的同学去积极询问、评价以及质疑。也可以适当利用组间评价表，使学生理解其他小组的成果。答问时可以由小组其他成员来回答。

下面呈现北京一零一中学的数学项目学习成果交流，包括学生制作的手抄报和项目学习反思①。

“数学星空”系列活动成果展示

为了丰富学生的数学学习活动，提高数学学习兴趣，九年级学生利用五一假期设计制作了精美的数学手抄报，各班优选了部分手抄报进行了展示，这一活动受到师生的欢迎。一幅幅精美的手抄报展示了学生学习数学的热情，洋溢着灵动的数学之美。

① 手抄报和项目学习反思由北京市一零一中学张迎春老师提供。

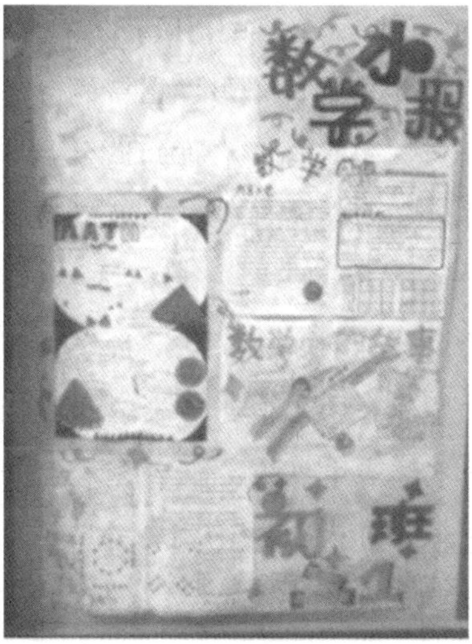

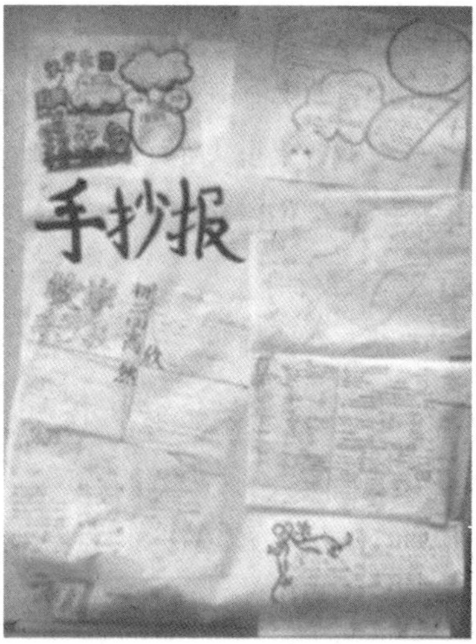

李沛涵

在假期里制作这份数学小报的作业使我从中学到了不少东西。在构思的时候，我有了要不要向大家介绍一本数学相关书籍的想法，而且我又喜欢历史，所以便想到了《九章算术》这本中国古代数学著作。其实一开始我对它并不是很了解，于是我上网查阅了《九章算术》的相关资料，对它有了初步的认识。我查到了关于这本著作的许多信息，包括它的历史、它的内容和它的影响等。我不禁惊叹，这本著作实在是太伟大了，凝结了我国古代数学家的智慧。通过这份作业，我深刻地了解了我国古代数学的杰出成就，激发了我对祖国的热爱之情。

肖京晨

我对数学的认识一直是模糊的，尽管觉得数学是奇妙的。

五月，全年级着手制作数学小报，头脑中蹦出来的第一个素材便是金字塔。

金字塔是古埃及文明的象征，除了宏伟的外形、重要的历史意义外，更吸引人的还是它那些千年未解之谜。有谁知道金字塔内为什么藏匿着一个又一个的51°角？这令人好奇而百思不得其解。

那几天我翻出了儿时看过的介绍金字塔的书，在“数字与石块”“圆周率与三角形”中穿梭。尽管金字塔之谜仍未解开，但是对我而言，令人眩晕的数字不再在脑海中打旋，数字原本古老神秘的魅力，随着一张数学小报重新回到心中。

崔苇杭

这次制作数学小报让我懂得了许多知识，我制作的是关于锐角三角函数知识的小报。以前在做几何题的时候，总会有同学用锐角三角函数知识来解题并给大家讲解，我总是听得似懂非懂，非常苦恼。这次不仅了解了锐角三角函数，并且还学会了一些解题方法，收获颇多，我便把这些锐角三角函数的知识通过画报展示给同学看，也让那些不了解这些知识的同学都可以学到这方面的知识。

“学海无涯”，我认为我们不会、不懂某方面的知识并不可怕，可怕的是我们不愿意去学，不愿意去汲取它。我们可以把不会的东西比作一片雪花，如果你用你炽热的心来融化它，解决这个问题并不难，但如果这样的问题越积越多，就会滚成一个大雪球，甚至集成一座冰山。只要我们努力地去学，便可以很轻易地解决它！

陈可陈　田丽阳

在五一假期这三天，同学们在家里做了数学小报。小报的内容是有关数学的小知识、数学家的小故事等。同学们完成得十分积极。

同学们查阅了许多知识。例如，付星元在小报上介绍了世界数学危机和七大难题；陈开元介绍了数学王子高斯在小学时所运用的数学公式；刘咏佳拓展了相似三角形的知识，还介绍了生活中的一次函数知识；邢卓悦深入介绍了韦达定理；杨妍在小报上展示了正好可以做一个星期的习题；田祎青介绍了希尔伯特的23个问题；周雅迪介绍了折五角星的步骤；夏晓雨介绍了几位数学家的成就；陈月儿别出心裁，介绍了笛卡儿的爱情故事和坐标系；张嘉麟介绍了微积分的定义；金绍博编写了关于买票最便宜的“攻略”；莲承美介绍了圆周率。

通过这次动手制作数学小报，大家对数学的理解提高了一个层次。同时，同学们也看到了数学这门学科的美丽。

同学们制作的小报十分精彩，读起来既有趣，也不失专业性。正因为这次别样的“数学小报”活动，我们接触了更广阔的数学世界，了解了更多的课外知识。

三、数学项目学习的评价策略

请读者思考

你认为数学项目学习评价的难点是什么？

教育评价对教育的导向作用十分重要，项目学习的评价改革成为推进项目学习有效开展的重要举措。我国2013年颁布的《教育部关于推进中小学教育质量综合评价改革的意见》从多角度阐释了推进评价改革的重要性，并提出要建立健全中小学教育质量综合评价体系[①]。《国家中长期教育改革和发展规划纲要（2010—2020年）》中也提出，“要改革教育质量评价和人才评价制度，改进教育教学评价，根据培养目标和人才理念建立科学、多样的评价标准。”[②]在项目学习推进过程中，反思教育评价现状，变革项目学习评价方式，塑造合理健康的项目学习环境是必然的选择。

（一）数学项目学习评价原则

数学项目学习的评价应当考虑到动态与静态评价、隐性与显性评价、主体与客体评价等诸多因素，因此在项目学习评价过程中要体现以下原则。

1. 自评主体原则

项目学习的评价要让学生明确在项目学习中自己应当做什么、怎么做，学什么、怎么学，在哪些方面要对自我进行评价。学生的自我评价是为了让学生能够明确自己的努力方向，而不是刻意花费大量的时间去自我评价。在项目学习过程中，要求学生自觉地按照教师的导向去学习、操作，当一个项目完成后，很自然地就完成了自我评价。教师对学生的评价仅是对学生自评的一种补充与激励。通过自评，要使学生发现自我的进步、自身的价值，从而主动地进行研究性学习。项目学习中学生是活动的主

① 中华人民共和国教育部. 关于推进中小学教育质量综合评价改革的意见[EB/OL].[2013-09-21].http://www.moe.gov.cn/publicfiles/business/htmlfiles/moe/s7054/201306/xxgk_153185.html.

② 中华人民共和国教育部. 国家中长期教育改革和发展规划纲要（2010—2020年）[EB/OL].[2013-09-21]. http://www.moe.gov.cn/publicfiles/business/htmlfiles/moe/moe_177/201008/93785.html.

体，对主体的评价是评价原则的核心，其他的评价应当围绕学生这一主体进行。

2. 互动互评原则

项目学习是以典型产品（技能）展开的知识与技能的学习。在这一学习过程中有几个典型特征，即团队合作、共同探究、互相促进等。在项目活动中要鼓励学生积极开展互评、互学、互助，善于发现别人的优点（如速度快、质量高），既要表扬优点，也要乐于帮助他人克服缺点（如操作错误、动作不合理等）。项目学习本身就是一个团队合作学习的情境，在这个情境中，要充分注意互动互评原则，别人的操作经验就是自己的镜子，这有利于自己少走弯路，当然自己更应当争做“一面优秀的镜子”供别人借鉴。

3. 激励与发展性原则

常规教学的评价相对于项目教学而言有严重的不足。常规教学评价的主要功能是甄别、鉴定，它不可能使所有学生都得到很高的评价。而项目学习的评价可以让每名学生的个性都得到充分发展，肯定学生研究性学习、创造性工作的价值，评价的是学生取得了哪些进步，让每名同学都得到充分的发展，让每名同学都有充分的理由为自己评价为“优”。激励与发展性原则是项目学习评价的目的之所在。

4. 形成性与终结性评价相结合的原则

每一个项目产品完成后，我们都应当进行评价，而这一评价主要采用自评与教师评价相结合的方法（此时若只用学生互评的方式对学生个体进行评价，一是花费时间较多，二是标准容易失控，欠公平公正）。项目产品评价是通过过程性评价而自然生成的，这是形成性评价。终结性评价是对一门课程进行的技能与知识的考核，是理论和实践一体化的评价。形成性评价是自然生成的，但它对学生技能的形成、知识的学习起着至关重要的作用。形成性评价应当在项目学习过程中去体现，还要能体现产品的质量与产品能否完成。终结性考试应当有技能考核和理论考核。学生掌握技能和知识的差异可以通过总成绩及终结性评价来体现，学生的素质、学习的成效应通过形成性评价来体现，两者结合对学生进行综合评价，这就是形成性评价与终结性评价相结合的原则。

（二）面向学生发展的评价目的

项目学习的评价不能仅仅满足于方法层面的改革，更重要的是要重新认识评价的价值取向，重新认识个人发展在教育评价中的重要地位，重新认识教育评价的价值基础，思考如何评价才能有效促进学生的发展，以实现项目学习的真正目的。

项目学习的评价要关注人的发展，关注人在社会中的价值，有了这样的认识就有助于形成合理的评价观。要评价已有的能力和素养，也要评价学生在学习过程中的表现，还要评价学生发展性目标的落实情况。此外，教育评价强调的是学生的原有认知与其发展现状之间的比较，对学生的任何进步和成就都要予以肯定。

从评价的导向功能分析，要克服多年来传统教育中重记忆轻理解的倾向，更加关注学生的问题解决能力、实践能力和创新能力；从评价的诊断功能分析，不仅要正确估计学生在多大程度上实现了学习理解，还要在一定程度上解释障碍产生的原因或问题症结所在；从评价的激励功能分析，项目学习的评价要充分激发学生的学习积极性，唤起他们的内在发展动力，促进其不断进步；从评价的反思功能分析，在评价前组织学生对评价标准进行讨论可以促使学生进行反思，在评价中学生的任务分析与策略选择也是反思的有机组成部分，在评价后组织学生相互交流并进行原因分析等活动都推进了学生的反思，提高了他们的自我认识能力，在自觉内省与反思中认真总结前期行为，并思考下一步计划，形成良好的反思与总结习惯。正如斯塔弗尔比姆所说："评价最重要的意图不是为了证明（prove），而是为了改进（improve）。"[①]其实在英文构词法上已经体现了"证明"和"改进"的递进关系，证明了结论绝不是完结，重要的是将结论应用于改进和提高，以促进学生的发展。

（三）崇尚过程的评价指向

项目学习的评价不能仅仅用数字来评定学生。美国学者格朗兰德提出，评价是为了确定学生达到教学目标的程度，收集、分析和解释信息的系统过程；评价包括对学生的定量描述（测量）和定性描述（非测量）两个方面。一个完整的评价系统包含测量和非测量两种方法，用公式表示为：

评价=测量（定量描述）+非测量（定性描述）+价值判断。[②]

在项目学习的背景下，学生评价生成了新的内涵和外延，评价的关注点聚焦在促进学生的发展上。传统的纸笔测验需要改革，测量形式的评价和非测量形式的评价必须融合并存。

其中，非测量形式的评价的主要载体是学生成长档案。成长档案属于形成性评价方式，获得资料的方式包括学生个人记录、小组互评、教师观察、谈话等。其内容包括学生在学习历程中的过程性感悟、阶段性小结、阶段性成果、阶段性成果评价、终结

① 瞿葆奎．教育学文集·教育评价[M]．北京：人民教育出版社，1989.

② 格朗兰德．教学测量与评价[M]．郑军，郭玉英，译．石家庄：河北教育出版社，1991.

性成果、终结性成果评价、展示评价等内容。“我们可以用许多方法评价学生：我们可以观察他们所做的，听他们所说的，看他们所写的以及分析他们所创作的。任何可以觉察到的行为都适用于评价。”①

无论项目学习评价的方式如何，其目的都是希望通过学生的学习活动获知他们的学习能力，这是一种“在学习中”的评价，而不是像传统的评价那样，是一种“关于学习”的评价。“在学习中”的评价更指向过程，使学生清楚自己前行的目标；“关于学习”的评价更指向结果，学生首先获知的是自己的表现是否达标，自己的排名是否提升。“在学习中”的评价让教学过程和评价过程融为一体，真正实现“以评促教”。

（四）多元化的评价维度

传统的评价将视线放在学生的学习成绩上，关注的是教学效果在分数上的表现，忽视了教学对学生潜力的影响和对学生发展的改变，很容易打击学生的学习积极性，也无助于教师对教学进程的了解。项目学习评价应着眼于学生的素养和学习能力，不仅要关注学生参与学习活动的积极性和全面性，还要关注学生是否具备勇于表达的愿望和表达的能力，要关注学生的学习习惯、学习态度、自信心和合作交流意识等。

数学项目学习评价既要关注学习过程也要关注学习成果，要考虑学生是否有令人满意的项目解决方案？是否能够对解决方案做出一些有效性的验证？是否应用了合适的数学方法，并且对这些方法有清晰的表达？推理和计算过程是否准确且合乎逻辑？是否有创造性的思考？是否有持续性的可以抗压的学习坚韧性？小

① HART D. 真实性评价：教师指导手册[M]. 国家基础教育课程改革“促进教师成长与学生发展的评估体系的研究”项目组译. 北京：中国轻工业出版社, 2004.

组合作的效果是否理想？……

Curriki在线课程中提供的数学项目学习评价表从八个方面对学生的数学项目学习进行评价，很好地体现了评价维度的多元化。具体如下表所示。评价者可以在每一个表现下方的数字上为学生打分。

表3-2 数学项目学习评价表①

标准	权重	生疏（低于标准）	熟练（达到标准）	精通（卓越表现）
1. 问题理解和问题解决	15%	①学生不能识别一个问题的条件、约束、关系和目标。 ②学生不会监控进展情况或调整解决问题的方法。 ③学生不能检查出解决方案中的错误。 1□ 3□ 5□	①学生会分析一个问题的条件、约束、关系和目标。 ②学生会监控和评估进展情况，必要的时候会调整进程。 ③学生能检查出解决方案中的错误。 ④学生会不停地问："这是否有道理？" 6□ 8□ 12□	在熟练标准的基础上 ①学生能快速分析出问题的关键方面。 ②学生擅长监控进展情况并及时调整解决问题的方法。 ③学生能经常检查出解决方案中的错误。 ④学生能够完整地向他人解释方案。 13□ 14□ 15□

① 王瑞霖,张彩萍,陆兆莲.项目学习评价何以治痛[J].教育,2015(20):59-62.

（续表）

标准	权重	生疏 （低于标准）	熟练 （达到标准）	精通 （卓越表现）
2．抽象推理和定量思维	15%	①学生不会用符号表述问题。 ②学生的问题情境化的能力有限。 1□ 3□ 5□	①学生会在给定的情境中进行抽象思考，并用符号表述。 ②学生能熟练地使用符号，并展示出一定的问题情境化的能力。 ③学生能条理清晰地表述问题。 6□ 8□ 12□	在熟练标准的基础上， ①学生能用符号语言表述问题，并展示出对问题透彻的了解。 ②学生能熟练地使用符号，并展示出很强的问题情境化的能力。 ③学生能向他人解释问题的表述方式。 13□ 14□ 15□
3．构建推理和论证	15%	①学生不能陈述所得结论中的假设、定义和结果。 ②学生没有能力进行推测，或者在推测过程中做了逻辑错误的判断。 ③学生的归纳推理能力或运用逻辑的能力有限。 1□ 3□ 5□	①学生能够理解并使用所得结论中的假设、定义和结果。 ②学生有能力进行推测，并在推测过程中做出符合逻辑的判断。 ③学生会分析背景，并能识别和使用反例。 ④学生有归纳推理和运用逻辑的能力。 6□ 8□ 12□	在熟练标准的基础上 ①学生能够有效使用结论中的假设、定义和结果进行论证。 ②学生能够完成独创性的推测，并在推测过程中做出完美的判断。 ③学生会迅速使用独创性的反例来解释或陈述问题。 13□ 14□ 15□

（续表）

标准	权重	生疏（低于标准）	熟练（达到标准）	精通（卓越表现）
4. 用数学建立模型	15%	①学生在实际背景中不会使用双向表格、流程图和公式等工具找到重要的量。 ②学生在日常生活中运用数学解决问题的能力有限。 1□ 3□ 5□	①学生在实际背景中会使用双向表格、流程图和公式等工具来识别重要的量并找到量之间的关系。 ③学生会运用数学解决在日常生活中出现的问题。 6□ 8□ 12□	在熟练标准的基础上 ①学生会将双向表格流程图和公式等工具运用于复杂的实际背景中。 ②学生在运用数学解决日常生活中出现的问题时有着不同寻常的洞察力。 13□ 14□ 15□
5. 使用工具策略	10%	①解决一个数学问题时，学生无法使用合适的工具。 ②学生使用技术工具探索和深化对概念的理解的能力有限。 1□ 3□ 5□	①解决一个数学问题时，学生会考虑使用合适的工具。 ②学生有能力使用技术工具来探索和加深对概念的理解。 6□ 8□ 12□	在熟练标准的基础上 ①解决一个数学问题时，学生会选择最合适的工具。 ②学生擅长使用技术工具来探索和加深对概念的理解。 13□ 14□ 15□

（续表）

标准	权重	生疏（低于标准）	熟练（达到标准）	精通（卓越表现）
6．准确性	10%	①学生在与他人讨论和独立推理的过程中不会使用定义。 ②学生的计算较为准确，高效，会根据问题的背景选择最小的精度表示数值答案。 1□ 3□ 5□	①学生在与他人讨论和独立推理的过程中会使用明确的定义。 ②学生的计算准确，高效，会根据问题的背景用一定范围的精度表示数值答案。 6□ 8□ 12□	在熟练标准的基础上 ①学生会在讨论中以多种方式准确地使用定义，能帮助他人理解推理的过程。 ②学生的计算准确，高效，会根据问题的背景使用准确的精度表示数值答案。 13□ 14□ 15□
7．确定并理解结构	10%	在没有帮助的情况下学生不能辨别模式或结构。 1□ 3□ 5□	学生可以适当地辨别模式或结构。 6□ 8□ 12□	除了满足熟练标准，学生在现实生活条件下或数学练习中可以很容易地识别模式或结构。 13□ 14□ 15□

（续表）

标准	权重	生疏（低于标准）	熟练（达到标准）	精通（卓越表现）
8. 寻找和表达规律	10%	学生只会进行重复计算，不会寻找一般方法或捷径。 1□ 3□ 5□	学生能注意到计算是重复进行的，能寻找一般方法和捷径。 6□ 8□ 12□	除了满足熟练标准，学生很少进行重复计算，解决问题时首先寻找一般方法和捷径。 13□ 14□ 15□

教育评价方法纷繁多样，只要是具备相应理论基础并经过一段时间实践论证的评价方法都有其价值和意义，在其适用范围内都可以发挥一定的作用。项目学习要突破传统教育评价之痛，评价方式的确立应当遵循过程性、开放性和多元性的原则，将定量评价和质性评价结合起来，将形成性评价和终结性评价结合起来，将外部评价和自我评价结合起来，发挥各种评价方式的作用，建立完善的评价体系。

四、数学项目学习的配套素材

（一）数学项目学习的模板

在这里提供几种不同的项目学习模板供读者借鉴。本书中所出现的项目案例采用了不同的形式，未依据统一的框架进行设计，是因为项目学习的内容比形式更为重要。

请读者思考

你认为数学项目学习的学习手册可包含哪些部分？

期待大家在教学中设计出更具个性特征的模板。

表 3—3　数学项目学习手册模板示例 1

- 单元名称
- 项目导语
- 学习目标
- 学习流程
  - 总任务框架
  - 任务一
  - 任务二
  - 任务三
- 学习成果
- 助学系统
- 拓展学习资源推荐
- 检测与评估

表3—4 数学项目学习手册模板示例2

- 项目名称
- 项目导语
- 目标
- 重点数学技能
- 特需的学习材料
- 项目流程
    - 任务一
    - 任务二
    - 任务三
- 成果包
- 拓展资源
- 学生学习指南
    - 如何理解问题
    - 可能的策略
    - 特别推荐
    - 需要提交的作业清单
- 数据单

表3—5 数学项目学习手册模板示例3

• 项目名称 • 导语 • 学习目标 • 问题情境 • 学习任务与建议 • 问题探究 • 学习活动 • 学习资源 • 学习建议 • 学习成果 • 拓展资源 • 评估与检测

表3-6 数学项目学习手册模板示例4

<table>
<tr><td colspan="2">学科</td><td colspan="2"></td></tr>
<tr><td colspan="2">年级</td><td colspan="2"></td></tr>
<tr><td colspan="2">学习单元</td><td colspan="2"></td></tr>
<tr><td colspan="2">项目名称</td><td colspan="2"></td></tr>
<tr><td colspan="2">学习时长</td><td colspan="2"></td></tr>
<tr><td colspan="2">任课教师</td><td colspan="2"></td></tr>
<tr><td colspan="4">项目背景</td></tr>
<tr><td colspan="4"></td></tr>
<tr><td colspan="4">课标要求</td></tr>
<tr><td colspan="4">条目1:
条目2:
……</td></tr>
<tr><td>概念理解目标</td><td>技能掌握目标</td><td>数学思考目标</td><td>问题解决目标</td></tr>
<tr><td></td><td></td><td></td><td></td></tr>
<tr><td colspan="4">驱动问题</td></tr>
<tr><td colspan="4"></td></tr>
<tr><td colspan="4">成果要求</td></tr>
<tr><td colspan="4"></td></tr>
<tr><td colspan="4">项目学习流程</td></tr>
<tr><td colspan="4">任务一:
任务二:
……</td></tr>
</table>

（续表）

<table>
<tr><td colspan="5">项目实施要点</td></tr>
<tr><td colspan="5">自主与合作的协调方式：
基础知识的演练方式：
创造性思维的激发方式：
技术运用的指导方式：
项目学习资源的获取方式：
项目成果的展示方式：
……</td></tr>
<tr><td colspan="5">课标要求达成度评价量表</td></tr>
<tr><td>水平
条目</td><td>待加强</td><td>合格</td><td>良好</td><td>精深</td></tr>
<tr><td>条目1</td><td></td><td></td><td></td><td></td></tr>
<tr><td>条目2</td><td></td><td></td><td></td><td></td></tr>
<tr><td>条目3</td><td></td><td></td><td></td><td></td></tr>
<tr><td>……</td><td></td><td></td><td></td><td></td></tr>
<tr><td colspan="5">项目完成过程评价量表</td></tr>
<tr><td colspan="2"></td><td colspan="2">小组合作</td><td>个人思考</td></tr>
<tr><td colspan="2">项目学习过程中数学语言的运用</td><td colspan="2"></td><td></td></tr>
<tr><td colspan="2">项目学习过程中数学方法的运用</td><td colspan="2"></td><td></td></tr>
<tr><td colspan="2">问题提出能力</td><td colspan="2"></td><td></td></tr>
<tr><td colspan="2">项目学习过程中的坚韧性</td><td colspan="2"></td><td></td></tr>
<tr><td colspan="2">项目学习过程中的创造性</td><td colspan="2"></td><td></td></tr>
<tr><td colspan="2">项目学习过程中的合作</td><td colspan="2"></td><td></td></tr>
<tr><td colspan="2">技术的运用</td><td colspan="2"></td><td></td></tr>
<tr><td colspan="2">资源的获取</td><td colspan="2"></td><td></td></tr>
<tr><td colspan="2">……</td><td colspan="2"></td><td></td></tr>
</table>

（续表）

项目成果评价量表		
	成果1	成果2
成果中表现的知识理解		
成果中表现的数学深度		
成果制作的技术水平		
成果展示的组织结构		
交流与质疑		
……		
项目反思		

一般来说，项目学习手册是师生一起阅读的文本，要包括实施项目的全部要求。可以从背景出发，可以从抛锚问题出发，也可以从学习目标出发。无论采用哪种形式，都要在适当的地方明确指出项目中需要学习的数学知识，需要运用的数学技能，还要对实际问题的背景做出比较充分的介绍。可以向师生提出项目完成时间和完成方式的建议，最好能够配备评价手册和检测方案，当然，也可以只是给出评价的建议，由师生一起完善评价手册。

（二）数学项目学习的学生手册

在项目学习中学生要履行他们的学习义务，具体来说包括：学生必须要为项目学习投入充分的时间和精力；要准备一些必备的学习材料；要能够通过思考、提问、交流、分析，去理解和学习，每一个人都要对数学学科有深入的思考，而不仅仅是对实际问题做出分析；学生需要去尝试多种策略，而不仅仅满足于一种方案；学生要做好持久性学习的准备，能够应对学习中的各种压力；在学习中遵守课堂纪律等。

下面呈现了一些数学项目学习学生手册中的表格，供大家选用。

表3–7 项目记录

<table>
<tr><th colspan="2">项目任务记录表——任务____(填序号)</th></tr>
<tr><td colspan="2">任务名称：
姓名：</td></tr>
<tr><td>为了完成任务要解决的问题：
1. ________________________
2. ________________________</td><td>(在方框内打钩)
□1. 独立完成
□2. 和________________________
一起完成。</td></tr>
<tr><td>为了完成任务要做的工作：
1.________________________
2.________________________</td><td>(在方框内打钩)
□1. 独立完成
□2. 和________________________
一起完成。</td></tr>
<tr><td colspan="2">任务反思：在做整个任务的过程中我的学习体会。
是否完成任务？

遇到哪些困难？

有哪些收获？</td></tr>
<tr><td colspan="2">根据任务表现，我给自己几颗星（用彩笔涂色）？
知识技能：☆☆☆☆☆
问题解决：☆☆☆☆☆
情感态度：☆☆☆☆☆</td></tr>
</table>

表3-8 作品展示

项目名称： 学生： 日期：
参观者能从我的介绍和展示中收获什么？ 1.________ 2.________ 3.________ 4.________
我在小组展过程中的角色和责任？ ________
为了展示的顺利进行，我的计划是什么？ ________
在本次展示中我能收获什么？ 1.________ 2.________ 3.________ 4.________
我计划使用哪些技能对数学项目进行展示和介绍？ 1.________ 2.________ 3.________ 4.________
为了更好地展示，我需要做哪些准备？ 1.________ 2.________ 3.________ 4.________

表3-9 项目资源清单

项目资源清单	
项目名称：	项目组学生姓名：
网站	
图书/其他资料	
其他技术	
家长和社区资源	
顾问/专家/社会组织	
你认为还有哪些资源可以帮助你进行数学项目学习？	

表3-10 项目反思

项目名称：	学生：	日期：
我们的表现如何？		
我们学到了什么？		
我们是否专注于项目？		
项目是否有意义？		
我们的目标是否清楚？		
我们遇到了哪些挑战？		
解决挑战性问题需要哪些知识和能力？		
我们是否做了项目规划？		
项目过程是否有良好的监控？		
我们的设计还可以在哪些方面有突破？		

还有一种学生自查表是根据项目完成进度来设计的。

表3-11 项目学习学生自查表

项目名称		姓名		小组	
步骤	进程				
	第一阶段	第二阶段	第三阶段	……	
理解问题	待做/达成/超预期	待做/达成/超预期	待做/达成/超预期		
确定策略	待做/达成/超预期	待做/达成/超预期	待做/达成/超预期		
应用策略	待做/达成/超预期	待做/达成/超预期	待做/达成/超预期		
学习知识	待做/达成/超预期	待做/达成/超预期	待做/达成/超预期		
巩固知识	待做/达成/超预期	待做/达成/超预期	待做/达成/超预期		
数据处理	待做/达成/超预期	待做/达成/超预期	待做/达成/超预期		
建立模型	待做/达成/超预期	待做/达成/超预期	待做/达成/超预期		
解释结果	待做/达成/超预期	待做/达成/超预期	待做/达成/超预期		
修正方法	待做/达成/超预期	待做/达成/超预期	待做/达成/超预期		
撰写报告	待做/达成/超预期	待做/达成/超预期	待做/达成/超预期		
备注：					

表3-12 项目学习总结

本项目学习总结
通过本项目学习你最大的收获是什么？你还没有完全掌握的部分是什么？可以通过结构图或者思维导图绘制出来，也可以用语言表达，字数不限。 ____________________ ____________________ ____________________ ____________________ ____________________

（三）数学项目学习的资源包

你可以在资源包里为数学项目学习配备相应的学习资源。主要的内容可以包括提供数据，提供知识，提供模板，提供问题解决指导，提供其他相关资料。

在此以 *Hands-On Math Projects with Real-Life Applications: Grades 6-12* 一书中的案例加以说明。书中的每一个项目都包含项目手册、项目指南和资源包，其中项目指南有一半篇幅都在谈做此项目应考虑的诸多方面和可能运用的策略。

1. 数据

在项目"为学校休息室购置设备"[①]中，要求学生根据需求为休息室添置设备，预算为6 000元。项目提供的资源包中列举了五类基础设施的常见设备费用，供学生参考。当然，学生也可

① MOSCHLA J A, MUSCHLA G R. Hands-On Math Projects with Real-Life Applications: Grades 6-12[M]. San Francisco: Jossey-Bass, 2006: 323.

以自己到网络上查找相关数据。同时资源包中还配了采购单，如下表。

表3-13 设备采购单

编号	名称	确认购买	单价	总价

2. 知识

在项目“设计一个布艺图案”[①]中，要求学生运用数学规则设计满足要求的布艺图案。其项目资源包中给出了在正六边形中进行图案分割的几种基本形式，这属于知识类的资源。

3. 模板

在项目“成为数学专家”[②]中，要求学生小组研究如何开设一门与数学有关的选修课。其项目资源包中给出了课程计划需要包括的五个栏目，详细介绍了每一个栏目，并提供了一份课程设计模板。

4. 问题解决指导

在项目“创办一个数学网站”[③]中，要求学生小组学习建网站的知识，选取合适的数学素材建一个主题性的网站。因为这个项目很有难度，所以在其项目资源包中从八个方面给出了比较详

① MOSCHLA J A, MUSCHLA G R. Hands-On Math Projects with Real-Life Applications: Grades 6-12[M]. San Francisco：Jossey-Bass，2006：307.

② MOSCHLA J A, MUSCHLA G R. Hands-On Math Projects with Real-Life Applications: Grades 6-12[M]. San Francisco：Jossey-Bass，2006：185.

③ MOSCHLA J A, MUSCHLA G R. Hands-On Math Projects with Real-Life Applications: Grades 6-12[M]. San Francisco：Jossey-Bass，2006：407.

尽的问题解决指导。

5. 相关资料

在项目“设计数学游戏”①中，要求学生小组在研究多种数学游戏的基础上设计一款数学游戏。其项目资源包中包括一个写出初步设计方案的模板，还介绍了多款常见的简单的数学游戏，供学生参考。

数学项目点子14

绘制并研究下列有趣的曲线：渐缩线、渐开线、轮盘曲线、脚蹬曲线、贝壳曲线、环索线、焦散线、螺线、椭圆曲线。

数学项目点子15

通过制作高尔顿板这一著名装置来演示二项分布。板子上面安置了许多针，从顶部落下的弹球碰到针后落入下端的小盒子，呈现二项分布。探索如何通过改变针的位置得到其他类型的分布（双峰分布、偏态分布、近似矩形分布等）。

① MOSCHLA J A, MUSCHLA G R. Hands-On Math Projects with Real-Life Applications: Grades 6-12[M]. San Francisco: Jossey-Bass, 2006: 220.

第四章 数学项目学习反思

在实施项目学习一段时间后，教师可能会产生各种疑惑，下面列举了山西项目学习实验区的教师开展数学项目学习时提出的部分问题：

> **请读者思考**
>
> 阅读到这里，你已经对数学项目学习有了很多了解。你还有哪些困惑呢？

什么是项目学习？与传统教学的差异有哪些？

项目学习日志及评价量规如何制定？

项目学习耗时长，完成一个项目所需的学科知识较多，设计方案也比较复杂，是否会影响正常的教学进度和效率？

如何与常规课堂教学有机融合？如何实施项目学习？

如何快速转变教师的教学思维，突破时间和空间的限制？

如何综合各个学科的知识，设计符合实际的课题？怎样激发学生学习的积极性？

项目学习对时间、专用场地、教师经验以及教师和学生对所学项目的理解程度的要求有哪些？

教师如何引导学生提出问题？

很多项目学习在学科上不容易找到结合点，如何选择项目学习的课题？项目驱动问题的设置和项目过程与结果的评价应如何进行？

如何处理项目学习和传统教学的关系？项目学习的课时从哪里来？如何在项目学习中融入学科知识？

如何保障学生的自觉性和自律性？学生的基础知识水平是否值得探究？

项目学习对学校的硬件条件是否有一定的要求？

学习者之间的熟悉程度是否会影响学习过程中合作的深度？

学生进行团队学习，每个人的收获不一样，是否会影响最后的考试成绩？项目学习中，学生往往会获得很多知识，但是能否达到考试要求的学习深度？

在上述问题的基础上，我们总结提炼出几个核心问题，分别是：

数学项目学习有哪些不同层级？

如何凸显学习任务中蕴含的数学？

抽象的数学如何走进真实的项目？

如何在数学项目学习中实现过程性价值？

如何在数学项目学习中创立学习共同体？

如何促进学生在数学项目学习中进行反思？

如何实现数学项目学习中的教师专业发展？

这些核心问题是绕不开的，对这些问题的思考可以让我们对数学项目学习的认识更加清晰，更加深入。下文中我们会分别回应这些核心问题，但此处的回应不能全面解答，也没有一种标准答案可以呈现，讨论始于思考，没有终止之处。

第一节 数学项目学习有哪些不同层级

从项目的形式和时长来看，可以分为微项目、中项目、大项目以及项目式学校四种不同的层级。

微项目一般发生在课堂教学中。微项目的设计用时较短，可以利用课上时间和学生一起研究，也可以将课上和课后的时间统整起来。当然，每一个项目都有一定的拓展空间，所以学生可以根据自己的兴趣进行更进一步的探索。本书中所列举的15个项目点子都可以进行扩展设计，形成微项目。

中项目可以有机地融入教学进程，一般需要多课时。例如下文将呈现的“水运仪象台探秘”就是一个中项目的示例。微项目和中项目对学生来说研究的空间有限，形成的作品实用性价值常常不会很高，且这两类项目的评价设计往往不会面面俱到。但在一个学期里多次运用微项目和中项目可以增强学生的数学学习兴趣，扩展他们对数学应用价值的认识，也可以促进他们对数学学习进行反思。

大项目一般会持续2~3周，贯穿于某一个知识单元的学习中。本书第三章第一节所呈现的“我是小小设计师”就是一个典型的大项目，下文将呈现的“数学魔术”是借助魔术研究数学知识，也可以发展为一个大项目。

如果说微项目一般可以融入教师自己的教学，中项目可以形成一种学校的拓展性课程资源，大项目是国家课程的一种形式，那么在此基础之上以不同的大项目为载体进行学习，甚至突破学科界限，将学习完全驾驭于项目之上，则是一种项目式学校的理想架构。项目式学校以项目学习为最主要的学习形式，这样的学习方式对情境和设施的依赖性非常强，也需要有很多制度上的保证措施，学习活动和课程的设计有很大难度。我国现在虽然也有教育机构在尝试，但普通学校尚难放手采用此种形式。在美国有一批新兴的项目式学校，例如美国高科技特许学校（High Tech High Charter School）、由新西兰裔摄影师乔安·麦克派克（Joann McPike）在美国纽约创立的思考全球学校（Think Global School）等都或多或少地采用项目式学校的建设思路，还有一些美国学校参与了项目式学校实验。在项目式学校里，学生不但在项目中习得专业知识与技能，而且学用合一，学校和社区工作场所的联系非常紧密，甚至可以理解为“社会即学校”。

案例26　水运仪象台探秘①

一、学情分析

教学对象为九年级学生。

1．学生已经具备的知识与能力

（1）基本的数学知识（角的概念、角的度量、角的计算等）；

（2）基本的阅读与解决实际问题的能力。

2．学生的不足

（1）将现实问题数学化的能力不足；

（2）提取关键信息的能力不足；

（3）知识的迁移与应用能力不足。

二、教学目标

1．使学生能直观地认识和理解角的度量与计算，体会角度制在生活中的应用，培养学生的抽象思维，提升学生从实际问题

① 项目设计者：李梦瑶，河北昌黎江文第一中学；杨广娇，北京工业大学附属中学。

中抽象出数学模型的能力。

2. 通过观察、操作培养学生的观察能力和动手能力，培养学生学习数学的好奇心与求知欲。

3. 形成对知识之间联系的整体认识，发展学生的信息素养、探究能力和探究精神。

三、教学地点

参观中国科学技术馆前先明确观察要求和成果要求，参观之后在学校教室完成项目。

四、课堂设计

任务一　走进水运仪象台

中国科学技术馆的“华夏之光”展厅中有一台庞大的仪器，我们可以看到里面有很多花花绿绿的小木人，那这台仪器是用来做什么的呢？这些小木人的作用又是什么呢？

设计意图：引起学生的兴趣，提升学生的学习积极性并培养其发散性思维，给学生一个直观的图像，运用支架式教学引导学生思考。

设备介绍：水运仪象台是中国北宋天文学家苏颂等人发明的一种大型天文仪器。它可以用来观测天象、计时和报时，这台仪器功能很强大，实际上相当于一座小型的天文台。这台仪器的制造充分体现了中国古代劳动人民的聪明才智和富于创造的精神。

设计意图：让学生对水运仪象台有一个整体的了解，并感受我国古代劳动人民的创造精神。

任务二　探讨运行原理

播放视频，播放前布置任务，让学生观察水运仪象台是如何运作的，观看结束后，小组讨论发言。

设计意图：通过发现教学法，让学生自主探索其中的供能原理，将数学与其他学科知识相联系。

水运仪象台是以水流为动能的，通过不停地提水供水来匀速带动木齿轮之间的配合从而带动计时装置，就像我们现在钟表里的齿轮。

设计意图：类比现代钟表的运作原理，体会水运仪象台中木齿轮之间的传动原理。

介绍计时装置：它是如何来计时的呢？向学生介绍相关内容，同时将关键词写在黑板上。古代一天分12个时辰，96刻，一个时辰分时初和时正，时初相当于整点，时正相当于半点。向南打开水运仪象台的大门，门里有5层木阁，第一层负责全台的准确报时；第二层可以告诉大家12个时辰的名称，相当于现代时钟的时针表盘，这一层有24个木人，手里拿着时辰牌，依次写着子初、子正、丑初、丑正等，每到时初、时正时，相应的木人按时出现在第二层木阁门前；第三层有96个木人，分别为子初、一刻……七刻，相当于我们现代时钟的分针；第四层和第五层负责报告晚上的更筹。

设计意图：向学生介绍计时装置的原理，类比现代钟表的时针与分针，培养学生对知识的迁移意识。

任务三 研究水运仪象台中的数学

发放教具，给每名学生发两个大小不等的圆形卡纸，通过小组合作将水运仪象台二层和三层的时刻画到圆形卡纸上，思考并计算相邻时辰及相邻时刻之间分别间隔多少度。

设计意图：培养学生的动手能力，以直观的方式让学生体会水运仪象台的计时原理，将刻度与角度联系起来，使学生理解角的应用。

问题一：第一次看到水运仪象台时，第二层显示的时辰是巳初，第三层显示的时刻是一刻（如右图）。

午饭后继续观察，发现第二层显示未正，第三层显示六刻（如下面的两幅图所示）。

借助学生手中的圆形卡纸，计算在这个过程中过去的时间以及相比第一次看到的小木人分别转了多少度。

问题二：教师给定初始时刻（午时二刻）以及第三层小木人转过的度数（75°），引导学生计算终点时刻，通过角度计算时刻，进行角度的逆运算。

问题三：计算以上两个问题中小木人分别走过的路程。

小组讨论后，让学生说出自己的计算思路与过程，教师进行评价，总结角和距离的计算方法与思路。

设计意图：将现实生活与数学课堂联系起来，使学生感受到生活中也蕴含着数学问题，使学生掌握利用时刻计算角度及其逆运算的方法，培养学生的逆向思维；联系扇形周长计算公式，向学生渗透弧长的计算方法，引导学生认识到知识之间的联系。

任务四　成果制作

利用水运仪象台原理绘制中国科学技术馆的时刻表。

要求：要用水运仪象台的结果来表示每一个时刻，并附说明。时刻表中可以包括开馆时间、闭馆时间、各种表演时间等。

案例27　数学魔术[①]

一、项目背景

目前数学课的教学呈现出一种枯燥与乏味的现象，怎样能够通过项目学习来调动学生学习的积极性呢？我们通过让学生亲自去研究魔术中蕴含的数学原理来锻炼学生在实际生活情境中分析问题与解决问题的能力。

二、知识链接

能将代数式表示的规律应用于扑克牌的排列顺序中；能在情境中理解函数；能用数学语言表达函数关系；能认识常数函数和一次函数；能将策略一般化到新的情境中；能运用适当的推理。

① 项目设计者：杜瑶，北京景山学校朝阳学校。

三、研究数学魔术

第一个纸牌魔术

1．提出问题

教师将一副扑克牌随意分为两叠，请一名学生选一叠他喜欢的牌，然后任由学生将所选那叠牌洗乱，再从中选一张牌记住点数和花色，随后让学生将所选的牌放入教师手里的那叠牌中，再让学生将该叠牌洗乱，最后教师通过摸牌就能猜到刚才学生抽中的是哪一张牌。

问题1：当学生抽走纸牌的时候，教师并没有看到是哪一张，但是教师能否掌握两叠纸牌之间的关系呢?

问题2：如果两叠纸牌之间存在着某种关系的话，那么怎样才能清楚地分辨出任意一张纸牌属于哪一叠呢?

问题3：这两叠纸牌的分类原则是否可以更改？有没有其他的分类原则能获得同样的魔术效果?

2．分析问题

在教师提出问题之后，学生会对这些问题产生浓厚的兴趣，此时教师可以通过上述的三个问题来引导学生发现这其中蕴含的数学知识，并且让学生课下自行组队来研究此魔术中的数学原理。在课后学生可以自行查阅资料，也可以咨询专业的魔术师，在下一节课的时候每个小组汇报研究成果，教师对他们的研究成果进行评价。

3．解决问题

通过刚才的魔术问题，学生会发现其实两叠纸牌的张数分别为奇数和偶数，那么在学习了整数的奇偶分类之后，我们可以让学生试着设计新的魔术，比如可以将牌分成张数分别为合数和质数的两叠等，然后让学生上台展示他们设计的魔术，这样就实现了学生的数学“再创造”。

第二个纸牌魔术

1．提出问题

教师以“魔术师”的身份出现，让学生从教师手中一叠混乱的牌中任取一张并记住花色和点数，然后教师只要用“听”这一个动作，就能知道被学生抽走的那张牌的点数和花色分别是什么。

问题1：当学生抽走纸牌的时候，教师并没有看到是哪一张，但是教师能否掌握被抽走的纸牌与其他纸牌之间的关系呢？

问题2：如果答案是肯定的，那么这副牌需要满足什么限制条件呢？

问题3：这些纸牌的排列顺序是否可以更改？有没有其他的排列方式能获得同样的魔术效果？

2．分析问题

通过这几个问题的提出，一步一步引导学生发现其实这个魔术成功的关键在于纸牌的排列顺序。然后让学生下课后仔细思考魔术背后的数学原理，在下一节课的时候每个小组汇报研究成果，教师对他们的研究成果进行评价。

3．解决问题

请学生试一试，如何将整副纸牌的四种花色混搭在一起，排列出一副可以表演的牌？表达出你的想法。

四、项目成果

每个小组从参考书目中选一个不同的数学魔术，阐释其中的数学原理，并表演给大家。

五、参考书目

吴如皓，林寿福，庄惟栋.惊人的数学魔术：18堂课，轻松变身数学A咖[M].台湾：如何出版社，2016.

在此仍需要说明的是，有时我们倾向于花费太多有价值的时间来争辩哪些要素可以使一项活动形成项目，哪些要素不能构成项目。从技术方面来讲，某项活动可能构成了项目，但它依然是低质量的教学活动。某项活动从类型上来看属于项目活动，仅仅拥有这个特征并不会为该项目带来任何优点。我们更应该着眼于如何开发好的项目，让学生深度参与到数学学习中。

所以数学项目学习以微项目、中项目、大项目等不同形式存在。这种学习方式重在鼓励学生在完成项目时习得数学知识，运用知识和技术解决问题，增进他们的数学理解和学习能力。数学项目学习可以发生在课堂上，不过多借助设备的支持，也可以发生在课堂之外，甚至是更广阔的社会环境中。数学项目学习可以探究数学学科内部的问题，也可以与实际生活结合，甚至涵盖科学、人文、艺术等领域。数学项目学习的成果可以是制作产品，也可以是以思辨为主的知识结构梳理。上述讨论都显示出我们不必拘泥于各种因素的限定，只有学生的主体参与性和数学知识的目标指向性是确定无疑的。

第二节　如何凸显学习任务中蕴含的数学

一些数学项目并没有切中数学知识，或缺少实际的数学活动，这是亟待改进的。数学教师必须思考数学的价值是什么？如果从社会发展着眼，可以将数学理解为是建立认识世界的模型，人们有意识地用数学的概念、原理和方法来理解、解释、解决现实问题。这一层面是数学的社会价值。如果从个人发展着眼，可以将数学理解为是在为个体塑造理性思维，在数学世界与现实世界中以数学思维进行思考。这一层面是数学的个体价值。

项目学习关注学生的发展，其中包括学生自主性的提升，学习方法的掌握，协作精神的培养等。与此同时，从数学学科角度上看，项目学习中学生的数学思考是如何实现的是教师关心的问题，项目学习所设计的任务要有“数学味”，这也是我们所追求的。为探讨在数学项目学习中，学生“做数学”时获得了哪些数学思考，具备了哪些数学家的思维品质，下面将结合一个具体项目展开讨论。

案例28　测量实际物体的高度①

本项目要求学生为测量实际物体的高度制订方案，并进行实际操作。

教师提前一周布置任务：测量校园内某一建筑物的高度。一周后，各小组在课堂上展示本小组测量的计划、过程、结果和评

① 徐文欢，雒振峰．决策与反思并行——在项目学习中做数学家[J]. 教育，2017,6.

估方式，其他学生和教师提问补充，并归纳出研究实际问题的方法，最后将测量设想、测量方法、测量中遇到的困难及解决方案以报告的形式展示。

在这个开放性很强的数学项目学习中，学生会使用三角尺、直尺、激光笔、粉笔、米尺、照相机、小镜子等辅助工具，需综合运用两点确定一条直线及相似等数学知识将物体的高度测得更精确，通过参与测量实际物体高度的活动，积累解决简单问题的数学活动经验。同时，学生会经历“观察—猜想—实验—总结”的过程，体验解决问题方法的多样性，发展创新意识，在测量实际物体高度的过程中，增强应用意识，提高实践能力。在他们的数学学习情感态度方面也能获得积极发展，毕竟在测量的过程中会出现各种困难，锻炼克服困难的意志，体验获得成功的乐趣，建立自信心；在研究“如何测量—动手实践—汇报总结”的过程中，学会与他人合作交流。

教师预设的测量方法：直接用绳子测量；直接或间接用数格子的方法测量；通过数楼梯的方法测量；利用比例尺测量；利用相似三角形测量。

探究过程中的生成性测量方法：利用对应线段成比例测量；利用小镜子反射激光笔的光线构造相似三角形的方法测量；用三角尺捆绑激光笔，利用勾股定理的方法测量；在没有工具的情况下，将几个人看作点来确定直线。

（一）数学精确性的体现

1. 测量目标

南教学楼。该建筑物的特点：楼两侧均贴有规则的方砖，且两侧方砖大小不同。

2.“数学家”决策

学生讨论后决定先根据贴有较大方砖的一面测楼高。测量一块大方砖的长度，并数出大方砖数，再加上一层楼梯的高度，和即为楼高。同理，根据贴有较小方砖的一面测楼高，进行测量和检验（如下图）。

学生的测量数据（精确到0.1）如下表所示：

表1　贴较大方砖面　单位：cm

	砖高(共10块)	砖宽(顶层横铺一块砖)	接缝高度(共11条)	底层楼梯高度
第一次	121.9	54.3	0.8	44.5
第二次	122.3	54.1	0.8	43.8
平均值	122.1	54.2	0.8	44.2

楼总高度为122.1×10+54.2+0.8×11+44.2=1 328.2（cm）。

表2　贴较小方砖面　单位：cm

	砖高(共51块)	接缝高度(共50条)	底部高度
第一次	23.4	1.2	55.0
第二次	23.7	1.2	54.5
平均值	23.6	1.2	54.8

楼总高度为 $23.6\times51+1.2\times50+54.8=1\,318.4$（cm）。

由于误差的存在，从该教学楼两侧测量所得结果并不相同。为保证结果尽量准确，取两侧测量的平均值为最终测量结果，即南教学楼高为

$(1\,328.2+1\,318.4)\div2=1\,323.3$（cm）$\approx13.2$（m）。

3．“数学家”反思

测量中遇到的困难及解决办法：在测量过程中，学生发现有很多地方存在误差，使测量结果与实际情况不符。为了减小误差，学生采取了多次测量取平均值的办法。部分砖棱磨损，加大了测量难度，学生为了更高效、更准确地完成，尽量选取无磨损的砖进行测量。楼梯左侧与右侧高度相差将近 3 cm，由于无法解决，学生选取了右侧楼梯的高度进行计算，如右图所示。

（二）转化思想的体现

1．测量目标

逸夫楼。该建筑物的特点：二层以上每一层的窗户间隔相等。

2．“数学家”决策

学生讨论后得出方案：先测出二层窗户到地面的距离 s_2，再测出三层窗户到地面的距离 s_3，两者之差即为二层窗户到三层窗户的距离 $d=s_3-s_2$。二层以上，层间距相等，共有 n 层，可得出逸夫楼的总高为 $s=s_2+nd$。

如何测量窗户到地面的距离呢？学生利用光的反射定律和相似三角形的性质将窗户到地面的距离转化为可测量的距离，从而解决了该问题。

从二层窗户到地面距离s_2的测量方式如图所示：

二层以上每层高度为1 186−824.82=361.18（cm）。

总高度为824.82+362×6=2 991.90（cm）≈29.92（m）。

检验：经实地测量，一层外部台阶高约22cm，一层内部高约390cm，其余各层每层内部高约300cm，每层楼板高62cm，所以楼高为390+300×6+62×7+22=2 646（cm）=26.46（m）。

3．“数学家”反思

根据建筑物的实际构造，针对每一部分的特点选择相应的测量方法，而不是以全概之，这栋建筑物的特点是二层以上每层的窗户间隔的距离相等，因此可以选择此种测量方式。两层窗户的间隔并不能直接测量，必须要将其转化为可以测量的物体长，利用光的反射原理就是解决途径之一。

（三）化无形为直观的体现

1．测量目标

红楼。该建筑物的特点：每一层的窗户间隔不相等。

2．“数学家”决策

学生讨论后决定利用相似三角形对应边成比例来测量红楼的高度。

测量方法1：①将含有30°角的直角三角尺较短的直角边*CD*放在地上，使*CD*⊥*AE*，*BD*垂直于地面。②将激光笔按如图所示的方向用胶条绑在三角尺的斜边上。③将三角尺沿*CD*所在的直线移动，直到激光笔发出的激光与*A*重合。④测量*CE*的长度再乘1.732即为楼高。

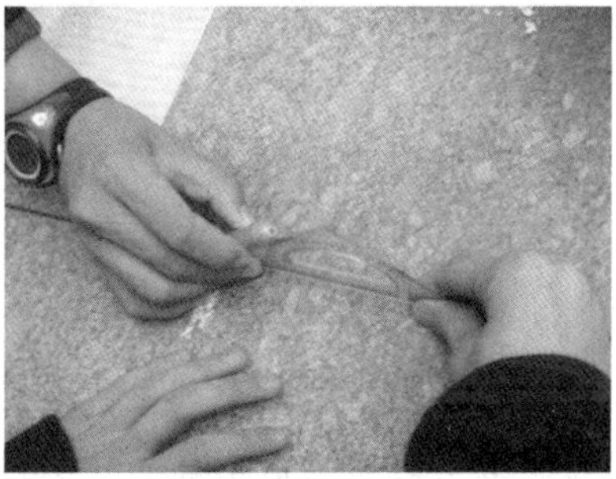

测量方法2：①将含有45°角的直角三角尺的直角边*CD*放在地上，使*CD*⊥*AE*，*BD*垂直于地面。②将激光笔按如图所示的方向用胶条绑在三角尺的斜边上。③将三角尺沿*CD*所在的直线移动，直到激光笔发出的激光与*A*重合。④测量*CE*的长度即为楼高。测量方法1、测量方法2的示意图如下：

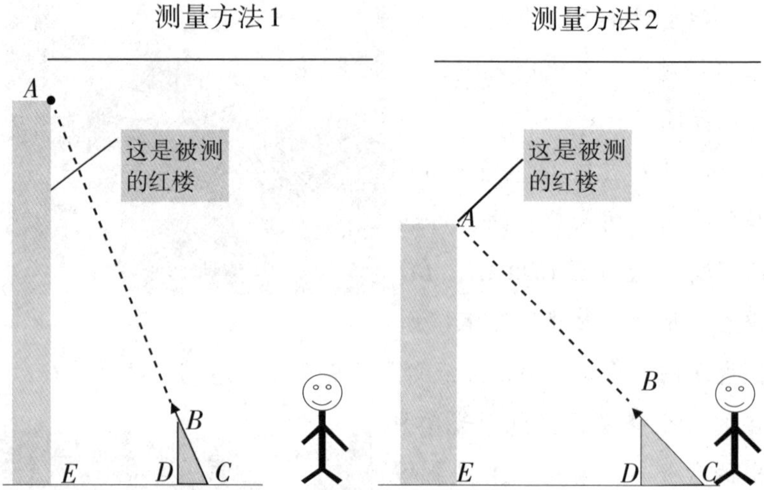

测量结果：将测量方法1与测量方法2所得的值取平均数得红楼高为11.52 m。

3．“数学家”反思

这样的测量方案利用了激光笔，其出发点就是要构造几何中的射线，激光笔射出的光线可以抽象为几何中的射线，这一抽象过程实现了化无形为直观。在测量过程中，学生遇到了些许困难。激光点较小或者经常找不到激光点，于是学生先把激光笔射向地面，然后让激光点慢慢向楼顶移动以便找到激光点。另外，三角尺经常倾斜导致测量不准确，于是他们在三角尺旁边架起另一个三角尺防止其倾斜。

（四）替代性思想的体现

1．测量目标

校园内某银杏树的高度。该物体特征：受风吹易摇动。

2．“数学家”决策

学生讨论后决定利用“两角对应相等，则两三角形相似”以及“相似三角形对应边成比例”，来找线段长度之间的关系。与此同时，由“光在均匀介质中沿直线传播”和“两点确定一条直线”来保证测量的可行性。

如图所示，BC，EF分别为树AB和人DE在同一时刻经过光照后得到的影长。DE=1.62 m，EF=2.48 m，BC=13.90 m，求AB的长。

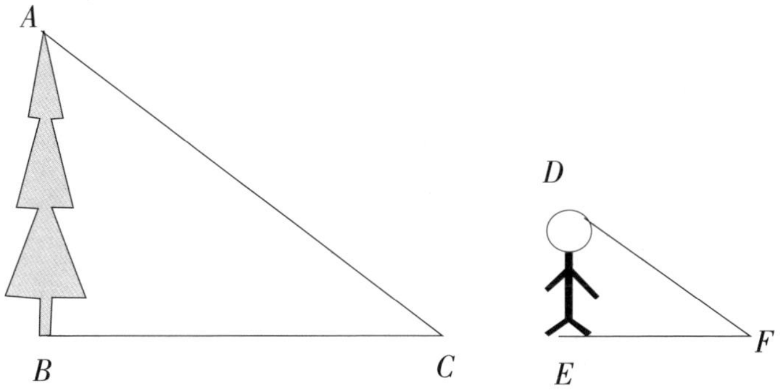

测量结果：

由$\triangle BAC \sim \triangle EDF$，

则$BC : EF = AB : DE$，

代入数据，得$13.90 : 2.48 = AB : 1.62$，

解得$AB \approx 9.08$ m，

所以树高约为9.08 m。

3.“数学家”反思

测量过程中，树顶部末端的影子不清晰，影响测量的准确性，对此，学生的应对措施是通过观察风吹树摇动时的影子来辨析。由于银杏树比较高，现有的尺子并不能直接测量其影子的长度，学生利用“两点确定一条直线”，由三名同学站在同一条直线上，充当三个点，然后一部分一部分地测量。这一决策体现了

学生利用替代性工具解决问题的基本素养。

上文对一个数学项目学习案例进行了比较全面的解读，其中学生多样化的数学思考可以从决策和反思两个方面展现出来。下面再呈现一个简例加以辅助说明。

案例29　制作校旗

自行观察不同国家的国旗。

任务一：

这些国旗中有哪些黄金分割点？五星红旗的五角星标志有什么特征？

研究五角星图案中线段的比例关系。

任务二：

查阅资料，学习黄金分割的概念。

研究黄金分割与斐波那契数列的关系。

任务三：

通过资源包了解艺术中的黄金比、建筑中的黄金比、自然界中的黄金比。

项目成果：

利用黄金分割的知识设计校旗，并阐明自己的设计方法。

“黄金分割”在很多数学教材中都有所涉及。黄金分割不仅仅体现了线段成比例，还体现了数学的文化价值，它是数学与建筑学、美容医学、艺术等领域的重要纽带。通过本项目的学习使学生认识到数学不是孤立的，它是文化的一部分，同时也促进了文化的发展。黄金分割的价值体现在两个方面：美学价值和实用价值。本项目主要围绕这两个方面来进行设计，通过创设丰富的现实情境，让学生通过直观感受体会黄金分割的美学价值，然后提出问题引导学生进行探究，最后解决问题。其中“研究黄金分割与斐波那契数列的关系”属于难度较高的任务，需要教师加强引导。

数学项目学习中学生的学习活动非常丰富，他们需要观察、思考、分析、解释、评价，他们不但要关注合作交流，也要关注数学思考，还要关注问题解决。从上面的案例中可以发现，在项目学习中成为“数学家”最关键的角色定位是决策者和反思者。

学生是数学项目学习过程中的决策者，而不是按部就班的操作者。面对项目学习中提出的实际问题，学生要自主思考解决问题的方法，并尝试解决问题，针对问题中的突发情况，不断调整解决方案，最终解决问题。当然，在这个过程中，教师可以担任协助者。

学生还是数学项目学习过程中的反思者。学生在面对问题、分析问题、解决问题、反思问题的过程中学习。虽然项目学习相比传统课堂要活跃一些，但活动的“动”不能取代学生学习的获得。在本案例中，每个小组的方案中都会有学生小组的反思和教师的指导，在汇报过程中，也会有其他同学和教师的追问，通过这些“静”下来的沉淀，让学生在项目学习中有扎实的收获。

第三节　抽象的数学如何走进真实的项目

一、数学学习的理想状态是什么

项目学习可以在单学科教学中开展，也可以在跨学科的综合性教学中开展。在数学学科领域中充分推进项目学习这一教学方式是一种有益的尝试。首先要回答的问题就是数学项目学习在理论上是否可行。数学教育工作者一直在思考这样一个问题：什么是良好的数学学习？

这个问题涉及人的数学观、数学教育观、数学学习观。在这样一门经典的学科面前，受到数学教育历史发展的影响，我们期望学生以这样一种姿态学习数学：

走进美好的数学世界，思索一系列数学问题，阅读令人着迷的数学书籍，经历有挑战的探索，对数学思维产生深深的敬意，对数学的魅力发出由衷的赞叹，自由地徜徉在数学之中……

这种理想状态在现实中尚未真正实现。那么，数学项目学习是否可以起到助力作用呢？

二、抽象的数学与真实的项目相联系的问题线索

数学家对数学的认识不尽相同，在此以亚历山大洛夫的一段话作为讨论的基础："归根到底，数学的生命力的源泉在于它的概念和结论尽管极为抽象，却如我们所坚信的那样，它们是从现

实中来的，并且在其他科学中、在技术中、在全部生活实践中都有广泛的应用；这一点，对于了解数学是最主要的。”

亚历山大洛夫眼中的数学具有广泛的应用性，但是，在日常生活中、在科学技术中可以看到数学吗？如果说抽象是数学的一大特点，那么为什么数学如此抽象却有广泛的应用？进一步说，在数学的知识结构中，为什么抽象的数学结论令人确信，而原始的概念又如此显然？是什么力量推动数学的发展使抽象性和应用性广泛统一起来？本书进行的数学项目学习思考因循的问题线索是：

在日常生活和科学技术中可以看到数学吗？——数学的广泛应用性如何体现？

为什么数学如此抽象却有广泛的应用？——数学的模型意义是什么？

为什么抽象的数学结论令人确信，而原始的概念又如此显然？——数学的方法论是什么？

是什么力量推动数学的发展使抽象性和应用性广泛统一起来？——数学的发展过程是什么？

下面先介绍三类数学项目学习的具体形式，再对上述问题加以回应。

三、不同类别的数学项目学习案例

数学项目学习主要包括社会性项目学习、生活性项目学习、学科性项目学习（有可能是跨学科的）。社会性项目学习涉及与社会发展息息相关的科技、工程、信息等问题；生活性项目学习是指项目成果的内容偏向与学生生活的环境息息相关的问题，如房屋装饰、购物、停车等具体问题；学科性项目学习（在此即为数学性），强调在驱动问题指引下的数学项目学习中数学味道更浓或指向数学探究的项目成果内容。

1. 社会性数学项目学习示例（详见第二章第三节）

项目课题：营销顾问——为手机卖场谏言献策。

驱动问题：手机卖场老板正在征集经营策略，请你帮助老板拟订适合的方案。

任务一：你对手机卖场了解多少？你对它还有哪些期待？

任务二：如果在你家附近经营一家手机卖场。请你调查不同消费群体对不同价位、不同品牌的手机的偏好。如果你想购买一部手机，主要考虑什么因素呢？请你根据实际情况与同学组成调查小组，设计一个方案。

任务三：接下来，要确定这家手机卖场的营业时间。你觉得还应该考虑哪些问题？在这些问题中，选一个你们小组最感兴趣的问题，试着设计合理的方案并实施。

任务四：请基于经营手机卖场的背景设计一个你感兴趣的问题，并制订合理的解决方案。

任务五：反思整个学习过程，你遇到了哪些困难？你是怎样解决的？你在学习过程中有哪些收获？

2. 生活性数学项目学习示例

案例30 “测量”驱动的项目学习①

项目课题：“测量”驱动的项目学习

① 马胜利. “测量”驱动的开放式项目学习——高中数学项目学习活动研究[J]. 教育·项目学习，2016，3.

驱动问题：若你对无法接触到的物体的长度、高度或距离感兴趣，该如何测量它？

第一周：理解驱动问题；确定测量对象；学习相关知识。

第二周：根据所学知识，在理论上推导出测量对象的数学计算公式；画出公式推导示意图并在课堂上进行公式的讲解；在调研考察的基础上讨论制订“项目学习任务完成计划书”。

第三周：具体执行“项目学习任务完成计划书”中的相应任务；填写“项目学习任务完成情况报告”；及时调整无法完成的任务计划，最终完成对所选对象的实际测量。

第四周：整理测量数据；完成“项目学习报告”；在全班范围内进行项目学习总结汇报。

3. 学科性数学项目学习示例

案例31 一组投篮进球图片的研究①

项目课题：一组投篮进球图片的研究

驱动问题：投手的连拍图片连续播放后，我们看到了一条漂亮的篮球运动轨迹，这条轨迹到底是什么样的呢？

① 王瑞霖，张歆祺，洲宏.抽象与现实之争：释数学项目学习何以可能[J].数学教学，2017(8):12-14.

第一阶段：提出问题。篮球轨迹与抛物线之间有哪些联系呢？探讨影响篮球运动轨迹所形成的抛物线的因素有哪些。

第二阶段：建立模型。通过查阅相关知识，建立坐标系，分析各个影响因素对篮球运动轨迹的影响方式。

第三阶段：实验尝试。小组成员进行投篮实验，投手改变高度、角度、力度等影响因素，其他成员拍摄并整理资料。

第四阶段：知识拓展。处理实验数据，验证假设，并进一步提出问题，探讨抛物线中给定数值计算参数的方法。

四、抽象的数学与真实的项目相联系的问题回应

在项目学习中回应前文的四个问题可以帮助我们认清数学项目学习的可行性。

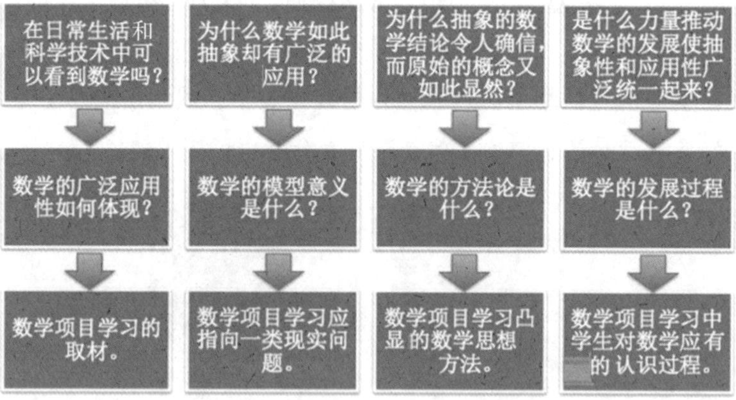

第一个问题的关注点是数学项目学习的取材。项目学习扭转了以掌握知识为目的的学习观，而是指向将掌握的知识与具体的生活情境相结合。数学项目学习可以侧重在社会领域，促进学生全方位理解和认识社会；也可以侧重在生活领域，让学生对运

动、家庭、娱乐、公共服务等诸多方面与数学的联系有进一步的认识；还可以侧重在学科领域，使学生在项目中经历数学问题的系统探索。

第二个问题的关注点是数学项目学习应指向一类现实问题而非某一个现实问题。在上述社会性项目学习的案例中，如果学习中仅仅局限于手机卖场的经营会限制学生的思维。教师应逐步拓宽思路，引导学生感受该问题的代表性，实现解决一类问题而非一个问题的目标，从而体会数学模型的意义，也可以找到抽象与现实之间的平衡。

第三个问题侧重在数学项目学习如何将数学的思想方法凸显出来。数学的知识体系是建立在基本概念之上的，逻辑关系明确，知识架构坚不可摧，这样的方法论造就了问题解决的坚实基础。在案例31中，一切理想中的抛物线都可以抽象为一个公式，而现实中很多错综复杂的问题其实都可以抽象为此公式的变形。师生可以探讨高度、角度、力度的改变对抛物线的影响，可以探讨合理的投篮位置及阻断位置等问题。问题变形中蕴含着思考问题和解决问题的数学思想方法。

第四个问题侧重在找到项目学习中学生对数学应有的认识过程。数学认识过程与数学发展过程有较多的契合之处，学生不断在抽象与现实之间转换，增强了对数学的内涵和价值的认识。学习知识时需要排除干扰因素，但是由谁来完成这一任务？如果教师或教科书编写者过多地将学习素材进行抽象，学生面对真正的现实问题时就会束手无策。在“手机卖场”案例中，教师提出了开放性很强的问题，自然地将优化求解的工作交给了学生，让学生在解决驱动问题的同时水到渠成地将抽象的知识与现实问题统一起来。

在理想的数学学习中，抽象与现实是高度融合的，学习者走入现实生活，用数学的思维认识和解读现实，品味其中的方法，形成对数学的全面认识。数学项目学习是实现理想数学学习的可行途径。

第四节 如何在数学项目学习中实现过程性价值

一、过程性教学要素分析

被广为倡导的过程性教学原则是指，教学必须以知识的发生发展和认知形成的内在联系为线索，充分展现和经历其中的思维活动，使学生真正参与到发现的过程中。分析过程性教学的要素发现，真正实现过程性教学，必须落实的要素包括学生的过程性意识、过程性积累和过程性体验[①]。

首先，要培养学生具有过程性意识。卢梭告诉我们："由于所有一切都是通过人的感官而进入人的头脑的，所以人的最初的理解是一种感性的理解，正是有了这种感性的理解做基础，理智的理解才得以实现。"[②]因此，在数学教学中要有意识地让学生充分动手、动脑，主动参与学习的过程，体验数学就成为重要的数学学习方式。

其次，要关注学生的过程性积累。在数学教学中，不仅要重视结果的积累，还要重视过程的积累，尤其是注重数学思维过程的积累。教师对定义、定理、公理等的解答与传授，应该尊重学生的思维发展，注重教学的过程性，使知识的生成、发展与学生的认知规律有效结合起来，这样可以更好地深化学生对数学的认

---

① 李晨薇，张一樵. 数学项目学习中的过程性价值探究[J]. 教育. 2015（1）：37-38.

② 何良仆. 落实"过程性"与"结构性"原则是实现数学教育价值的根本所在[J]. 西昌学院学报(自然科学版),2010（9）：132-137.

识，也会将数学的价值体现得更加细致和具体，从真正意义上实现学生的全面发展。

最后，要引领学生获得过程性体验。教学是教师的教与学生的学有机结合的过程，而一切教育行为都应该围绕着使学生全面发展来进行教学活动的设计。学生的学习应该是积极主动、富有兴趣与个性的活动，因此在教学中，应使学生积极参与学习活动，自主学习，积极动脑思考，合作探究，发展学生探索创新的能力。

二、教师如何组织数学项目学习以体现过程性价值

在项目学习的热潮中，过程性缺失的问题是否得以改善？下文将从三个方面展开基于项目学习的过程性教学分析。

1. 创设教学情境，形成过程性意识

过程是指事物发展所经历的程序、阶段，过程性就是指在事物发展的程序与阶段中，注重这一发展的整个流程。维果斯基的“最近发展区理论”认为学生的发展有两种水平：一种是学生的现有水平，指独立活动时能够达到的解决问题的水平；另一种是学生可能达到的发展水平，也就是通过学习所获得的解决问题的水平。教学中要着眼于学生的最近发展区，为学生提供带有一定难度的内容，调动学生的积极性，发挥其潜能，让学生能够在已有的知识基础上充分向下一个发展区发展。因此，在教学中将有探究性意义的问题引入新课会增强学生获取知识的挑战性。

数学项目学习主要以一个问题为主线，围绕这一问题展开相

关的数学探索学习，一般来说设置的问题背景是一个抛锚问题，带领学生和教师一起走进这一背景下的学习中。

例如，在秋游中发现数学问题可以作为项目学习的素材。通过在秋游中出现的购票、义务劳动、午餐、采摘等活动中进行数学探究，不仅可以算算该如何分配义务劳动的人员，还可以看到劳动帮我们换了多少采摘券，逐步感受秋游中存在的大量数学问题，找出问题中的数量关系。同时，通过采摘到的苹果数量，能让学生体会等式的基本性质，并用它解决方程问题。这一项目在秋游这一大背景下展开，让学生感知出游需要考虑的问题，包括购票、午餐以及在秋游中设计的公益活动等，很好地将学生带入相应的情境中，也给学生一个整体的认识。值得一提的是，秋游并不是一个结果，而是一个逐渐发展的过程，同时知识的呈现也是一个循序渐进的过程，能够很好地引导学生进入数学的学习过程，增强学习的过程性意识。

2. 设置探究环节，促进过程性积累

数学探究学习不仅具有一般探究学习的自主性、过程性、实践性、开放性等基本特征，还具有数学学科的特殊性。数学探究学习是指学生个体或合作共同体针对要学习的概念、原理、法则，要解决的数学问题，主动地思考、探索的学习活动，强调的是一种主动参与的学习方式①。

《义务教育数学课程标准（2011年版）》中要求："数学教学活动，特别是课堂教学，应当激发学生兴趣，调动学生积极性，启发学生的数学思考，鼓励学生的创造性思维。"②教师若能够在

---

① 宁连华.数学探究学习研究[D].南京：南京师范大学，2004.

② 中华人民共和国教育部.义务教育数学课程标准（2011年版）[S].北京：北京师范大学出版社，2012.

项目学习中合理组织教学活动，就会更加有效地带领学生进行思维上的锻炼。

因此，项目学习过程中，教师要精心设计探究性问题，给学生适当的规定与提示，让学生有一个大致的思考方向，并在此基础上进行独立思考、小组合作等。

例如，在对足球队进行数据分析的项目中，教师会提出一系列探究性问题：

球队每周的进球数和丢球数是否存在很明显的差异？

球队得分的离散程度如何？

球队进球数和丢球数的离散程度如何？

如何刻画球队在每一个赛季的表现？

如何刻画球队近年来的表现？

你能尝试分析每一次球队表现发生波动的原因吗？

……

在这样的探究性问题的引领下，学生的思维非常活跃，会有大量的想法与结论涌现出来，这时教师也要给出合理的解释，带领学生进行更加深入的辨识与思考。数学学习中的思维活动很重要，但更重要的是要有好的思考方向，因此在教学中所提出的问题要值得推敲，创设适当的问题情境，带领学生进入有效的思考中，这也是促进学生学习知识，锻炼思维的必要条件。

3. 展示项目成果，升华过程性体验

教育是一种经验的获得，既包括直接经验也包括间接经验。在教学的过程中，往往会有很多体验与收获，而这些知识是否内化到学生的知识体系中，是否能够被学生灵活应用，也是教学需要关注的问题，这就需要对过程性体验进行检验。

例如，在进行“反应时”测试的项目学习中，学生会经历对测量方法和测量标准的讨论，得到较为合理的测量方式，并获取数据。对于这个项目学习而言，项目研究过程和项目成果同样重要，学生会通过对问题的研究形成一系列终结性成果。与此同时，学生还会将其在项目研究过程中遇到的问题和心得体会写在项目成果中，丰富了成果的过程性体验价值。

这种项目学习既考查了学生对知识的掌握程度，也充分体现了过程性学习的优势与时效性，它能够促进学生对知识的理解与掌握，并从整体的视角了解知识，给学生充分的时间与空间去感知和认识，这样的教学才称得上是真正的教育，一场真正的思维活动也会在这样的课堂上体现得淋漓尽致。

三、过程性视角下的数学项目学习

要说明的是，学生在项目学习中的收获必然超越过程性体会，还会有很多阶段性的结果式收获。同时，我们会发现项目学习的实践性与综合性特征使其与过程性教学有很多相似之处，其中蕴含的过程性价值非常丰富。

项目学习和过程性教学均突显学生的主体性。学生是教学的主体，而教师是教学的主导，因此教师要尽量将课堂还给学生，给学生充分的时间去思考和探究，进而经历发现问题、提出问题、解决问题的过程。

项目学习和过程性教学均重视探索。布鲁纳曾说过“探索是教学的生命线”，这条生命线就是一个个思维过程的集合，也就是说，有了过程，探索才能在真正意义上实现，有了探索，才会有创造。学习数学只有亲身经历思维的过程，才能从真正意义上去理解和感受数学的魅力。

项目学习和过程性教学均依托于多种学习方式。既可以建立在合作探究性教学的基础上，也可以建立在自主学习的基础上，多种方法的灵活设置和有机结合，更能提升教学效果。

为了实现项目学习中的过程性价值，教师一方面要在观念上对项目学习重新定位，还要在教学上做充分准备，利用多种手段在课堂上创设情景、提供素材、生发问题，积极开发课程资源，创造条件实施项目学习，另一方面又要根据教学情况选择恰当的教学方法，因材施教，追求最佳的教学效果。

为实现过程性价值提供良好的学习环境，教师需关注：

要为学生提供清晰明确的学习目标，使他们能够有目的地投入学习中；

要确保学生理解项目导语，知道如何获取学习资源；

要给学生开放的环境，使他们能够进行创造性的思考；

要和学生一起进行项目研究，一起学习数学；

要给学生以充分的信任，相信不同的学生在数学项目学习中都可以有很好的表现，无论数学成绩如何，无论学习方式如何，无论性别如何；

要尽可能给学生提供比较充足的探究时间；

每一个学生的项目作品都要有展示的机会；

给学生的评价应当合理公平，可以邀请学生共同参与评价过程和设计评价方式。

第五节 如何在数学项目学习中创立学习共同体

一、学习共同体中的师生角色

学生在长期而频繁的考试中培养了牢固的竞争意识，这是将来步入社会促使个人进步的重要来源。客观上讲，每个个体的精力和能力都是有限的，因此仅凭个人能力的发挥有时并不能做到面面俱到，这时就离不开团队之间的互帮互助。对于学生来说，团队学习是一种非常好的培养集体观念和合作意识的方式。儿童心理学家皮亚杰曾说："没有思想的相互交流和与他人的合作，个体将永远不能把他的运算集合成一个连贯的整体。"①

就像在社会中成长的人需要融入社会共同体一样，学生也希望自己在学习共同体中有所贡献。在一个真正的学习共同体中，教师和学生在学习过程中是一种伙伴关系。

相对于传统教学，教师的角色发生了转变：

教师是任务的发起者，通过一定方式引发学生的研究；

教师要为学生的学习持续提供良好的环境；

教师要对必备知识做出讲解，并引导学生思考知识与项目的关系；

教师要提供适当的测验，获知学生的知识掌握情况；

教师要促进组内有效互动，排除与任务无关的干扰；

① 柯普兰. 儿童怎样学习数学——皮亚杰研究的教育意义[M]. 李其维，康清镳，译上海：上海教育出版社，1985：17.

教师要通过一些假设性的语言来帮助学生继续思考其他可能性；

教师要把握组内的学习能力差异，给知识掌握薄弱的学生以指导；

教师要了解组间差异，鼓励组间策略多样性。

学生的角色也发生了转变：

学生要主动搜寻丰富的信息，对与项目有关的权威信息进行整合；

学生要学习已有的数学知识，并将知识与项目联系起来；

学生要规划完成任务的进程；

学生要厘清各种想法和策略之间的关系；

学生要记录思考过程、决策、结论。

学习共同体有共同的学习目标，师生面对的驱动问题是学习目标的成果性表现，背后需要掌握的数学知识是更核心的学习目标。

在这样的学习目标驱动下，学生的自主学习和合作学习是两种主要学习方式。作为新课程倡导的学习方式，自主学习和合作学习同时处在学生学习方式转型的焦点视域中。自主学习体现了学生个体身份的确立，能够实现学生自主学习在一定程度上说明了教学的重心在发生变化。合作学习体现了学生社会身份的确立，充分的合作学习可以促进他们在问题探究和问题解决过程中发展协作能力，深化对知识的思考。

在自主学习方式中，学生能够根据已有的知识和能力，独立思考和解决问题，并做出独立的评价。在合作学习方式中，学生以小组的形式共同学习，在学习过程中每个小组和该组的成员都有分配好的任务，在完成任务的过程中组员交流不同的想法，可以帮助组员更加全面地理解所学内容。

二、项目学习案例分析

自主与合作在日常教学中的定位被广泛讨论，但是，这两种学习方式如何与数学项目学习融合，下面将分别就数学项目学习的案例加以说明。

案例32　日历中的数学①

（1）为什么平年有365天、闰年有366天？

（2）1900年是闰年吗？2000年是闰年吗？为什么有闰年？

（3）为什么一个月有28天、29天、30天或31天的区别？

（4）一个星期为什么有7天？

（5）为什么春节发生在不同的时间（公历)？

（6）如果给定一个日期，那么我们可以把任意一天的日期算出来。

给定某一年的1月1日这一天，可以找出这一年任意一天的日期。

知道了某一年的1月1日这一天，可以计算出1900年1月1日是哪一天。

从1900年1月1日这一天开始，如何计算20世纪任意一天的日期呢？探究一种计算方法。

为你的方法设计一个电脑程序。

---

① 王瑞霖，陆兆莲．自主与合作:项目学习中的学习形式定位[J],教育．2015（1）：71-73.

在这个项目学习中，学生根据“日历中的数学”等具体专题展开项目研究，从具体问题出发，思考一年为什么有365（366）天，逐步将问题深化。在此过程中，学生需要对项目背景有全面的了解，并对需要运用的数学知识有较准确的把握。那么，这类问题该如何选择自主或合作的学习方式呢？

从学生的认知特点分析，学生可以胜任前面几个比较简单的问题，这类问题在学生独立思考时可以获得一定的回应，例如，对于问题（4），学生会回答是老师告知的，或回答7天中休息2天符合人的工作与生活节奏，还可能追溯到西方的文化习俗。这些个性化的回答是自主学习的成果，恰好可以作为后面合作学习的讨论资源。到了问题（6），题目已经超越了现实背景和文化背景，变得更有数学味，这时教师可以引导学生进行小组合作，研讨各个问题的数学模型，并尝试解决这些问题。

可以说，在此类项目学习中，任务的难易程度和任务中蕴含的学科知识的深度都是影响确立学习形式的因素。

案例33 弹性球[①]

项目背景：每个人都参加过或观看过各种球类比赛，比如乒乓球、足球、篮球等，比赛中球的弹性是非常重要的，因此生产时球的弹性要符合比赛的标准。项目的任务就是测量球的弹性，并比较其性能。

通常约定需要给出球从一个已知高度落到地面后弹起的高度，比如，乒乓球从距离地面200 cm处落下，弹起的高度必须在106~116 cm。下面用这种方法比较不同的球在不同的条件下的弹性。

① 王瑞霖，陆兆莲. 自主与合作:项目学习中的学习形式定位[J],教育. 2015（1）：71–73.

1. 乒乓球的弹性

选择一个乒乓球，测量其从不同高度（1~5 m的范围）落到混凝土表面弹起的高度，列出表格，你从中能得到什么结论？你如何确保反弹高度的测量是准确的？

如果乒乓球不是落在混凝土表面。设计实验分别观察乒乓球落在草坪表面、泥土表面、木质表面的反弹高度。不同的反弹高度对比赛有什么影响？

2. 比较不同的球的弹性

选择篮球或其他球，以同样的方式测量。哪一种球在混凝土表面或草坪表面的弹性最好？在相同的设定下，球落在任何表面弹性都一样吗？

3. 温度对弹性的影响

一些球的弹性很容易受温度的影响，在低温时壁球几乎没有弹性，除非温度急剧上升。有一种控制球的温度的实验，在测试球的弹性之前，把球放在加热到已知温度的水中，用这样的方式测量壁球和桌球在不同温度下的弹性。冰箱可以提供低温环境，但在抛出球之前，要考虑手的温度对球的影响。

4. 在球拍上的反弹

乒乓球在球拍上的反弹是怎样的？选择一个球拍，让球从一定高度落在球拍上。研究下列因素对球反弹高度的影响：①球拍面的材料；②球拍的松软度；③球拍的不同面。

5. 连续反弹的高度

选择一种球，观察每一次反弹，测量每一次反弹的高度并计算连续高度的比。当比值是一个常数时，可以给出另一种测量球的弹性的方法（这个比的范围等于相同的球垂直落在相同表面的连续反弹高度比)。

6. 规格不同的球

尝试发现适用于不同球的标准。

在这个项目学习中，学生就“弹性球”等具体问题进行综合性探究，该项目的每一个部分都具有浓厚的实践味道，几乎难以通过独立学习完成，但是，在这类项目中适当加入自主学习仍然是有必要的。此时的自主学习意在使学生通过阅读文本进行先行思考，将自己置身于项目环境中，预设在实践中可能运用的方式以及可能遇到的各种问题，这种预设对于真正开始实践是十分必要的，为制订科学合理的实践方案提供了保障，也便于在实践过程中做出及时有效的调整。

这样的项目学习建立在学生具备一定知识的基础上，重在发展学生提出问题和解决问题的能力，只有学生亲历了对实践类项目的探究，才能获得认知和情感上有意义的发展。这种“亲历”既包括学生的独立思考，也包括小组合作。

三、项目学习中的自主与合作

在教育过程中，学生既需要独立了解学习资料，也需要与他人合作。因此在项目学习中，我们强调学习形式上要以学生团队为主体，探讨问题、交流想法、合作共赢。

但一味地寻求共性并非项目学习的宗旨。项目学习肯定学生个体价值的存在，并以激发学生展现个体价值为目的，努力实现学生的个性化发展。因此项目学习在活动上，既要让学生进行各自的计划，又要让学生在项目学习中开展小组活动。

在此过程中，如何合理地安排学习形式是必须面对的问题，师生可以在项目学习的各个阶段有所侧重地安排自主学习与合作学习等学习方式。

首先，在项目任务分配阶段，教师将全班同学分成若干个合作小组，教师根据课程内容选定合适的项目，可以涉及文化、技能或者热点问题，能够激发学生项目学习的兴趣。项目确立之后，每一个小组有各自的任务。比如“日历中的数学”中各小组的任务分别是了解日历中的数学、掌握推算日期的方法等。“弹性球”中各小组的任务分别是了解乒乓球的弹性、了解不同球的弹性、探究温度对弹性的影响、探究连续反弹的高度、研究不同球的弹性标准等。

其次，在资料收集阶段，小组的每个成员需要独立收集资料，比如在“日历中的数学”这一案例中将每个问题分给不同的成员，让其独立解决这些问题，从而初步了解与日历相关的数学知识。“弹性球”这个案例中需要每个成员对分配的任务进行测量并思考提出的问题。在自主学习之后，为了一个共同的目标需要合作学习，将独立收集的资料进行交流和分享，选择有价值的资料共同学习，提出见解，交流观点。如在“日历中的数学”这一案例中交流日历中的数学和各自推算日期的方法；在“弹性球”这一案例中将成员测量的数据统计在表格中并加以分析，交流解决问题的观点和思路。

再次，在课堂展示与交流阶段，小组形成了各自的研究成果，教师安排学生进行展示和交流。在小组与小组的展示和交流过程中学生会有更深刻的认识和理解，当然还要保证所有的小组成员都参与其中，比如在“日历中的数学”这一案例中，小组成员有人汇报日历中的数学文化，有人展示推算日期的方法，有人讲解方法的由来，有人对展示的成果进行反思；在“弹性球”这一案例中，不同成员有不同的参与方式。在这个展示和交流的过程中，每个小组成员都参与其中，锻炼了自主和合作的能力。

最后，在学生评价和教师评价阶段。学生的自评可以促使他们进行自我反思，互评可以促使学生建立一种评价自我和改进自我的标准和原则，学生会考虑多种评价标准，比如关注学习态度，重视学习过程，重视交流。多角度的综合评价可以促使学生主动参与其中，做项目学习的主导者。

项目学习的内容综合性和手段多样化特征对学生的学习方式提出了更高的要求，教师要依据项目的不同类型和不同阶段确定适宜的学习方式，使得项目学习既能够拓宽学生的思维广度，也能够提升学生的实践能力。

第六节 如何促进学生在数学项目学习中进行反思

在理解知识和分析对策时，学生都会经历不同深度的反思，教师要在项目学习中给学生提供反思的平台。宋代教育家程颐认为："为学之道，必本于思，思则得之，不思则不得也。"曾国藩指出："不深思而得者，其得易失。"所谓反思，就是从一个新的角度，多层次地对问题及问题解决的思维过程进行全面思考。课标中多次提到，要培养学生形成评价与反思的意识，养成反思质疑等学习习惯，通过应用和反思，进一步理解所用的知识和方法，了解所学知识之间的联系，获得数学活动经验[①]。教师要设计必要的数学活动，让学生通过观察、实验、猜测、推理、交流、反思等，感悟知识的形成和应用。恰当地让学生经历这样的过程，对于他们理解数学知识与方法，形成良好的数学思维习惯，增强应用意识，提高解决问题的能力有着重要的作用。下面通过一个案例具体讨论如何促使学生进行反思。

案例34 算算它们的体积[②]

简介

本项目源自参观中国科学技术馆活动，以"算算它们的体积"为核心，展示了对于不规则的（也可以是规则的）物体体积

---

① 中华人民共和国教育部.义务教育数学课程标准（2011年版）[S].北京：北京师范大学出版社，2012.

② 项目设计者：侯荣荣，首都师范大学。

的测量方法。

参观前

目的：激发学生对不规则物体体积测量的兴趣，思考如何对不规则物体进行体积测量。

活动：让学生计算规则物体（正方体、长方体）的体积，然后再举出不能运用已学公式计算体积的不规则物体，让学生思考如何测量它们的体积，鼓励学生互相讨论。

参观后

目的：让学生进一步了解测量不规则物体体积的方法。

活动：通过查阅资料，让学生了解更多的测量方法。

参观前

1．如果给我们一个可以看成长方体的盒子，我们能知道哪些信息呢？请写在下面。

____

____

____

____

____

2．根据你所知道的信息，能测量出这个盒子的体积吗？写出你的方案。

____

____

____

____

____

3．现在又给了我们一个形状不规则的物体，那么要怎样测出它的体积呢？带着这个疑问，开始我们今天的科技馆之旅吧！

参观后

1．上网查阅相关资料，思考测量物体体积的方法，并写出另外一种测量不规则物体体积的方法。

____

____

____

____

____

2．选择一种方法，动手试一试，看看你能否测出这个物体的体积，写出你的测量方法和结果。

____

____

____

____

____

学习单：算算它们的体积

探究地点：科技与生活（D厅）

1．同学们，在日常生活中，有些物体的形状是规则的，有些物体的形状是不规则的，请问如何测量它们的体积？有没有统一的方法既可以测出规则物体的体积，又可以测出不规则物体的体积？

你知道吗？利用液体的特点，可以将复杂的固体体积的计算问题转化为简单的液体体积的计算问题，即浸入物体的体积相当于排出的液体的体积，从而提供了一种简单的解决问题的方法。

右图展示的是利用液体体积测量固体体积的装置，请你根据动手操作该装置的经验，说说测量的方法及其理论依据。

2．请你在参观后，自己动手设计一个装置，然后利用这个测量装置测出一个不规则物体的体积，并记录下来。

3．查阅相关资料，说一说测量物体的体积都有哪些方法。至少举出4种。

在这个案例中，教师通过让学生动手操作去体会体积的测量方法，让学生深刻理解转化思想和等量替换思想，体会当一种解决问题的思路受阻的时候，可以换另一种思路解决问题，同时也让学生明白测量体积的方法还有很多，更进一步理解体积的含义。教师的设计体现了数学知识的形成过程，也反映了数学知识的应用过程，学生在问题解决中理解和掌握了相关的知识和技能，感悟数学思想，积累活动经验。教师可以在此基础上提出进一步的要求，即请学生思考每种测量方法的差异与共性，让学生在这类问题情境中再提出新的问题，增强应用意识和创新意识。对有些学生来说，找到新的测量方法并不容易，这种思维困境是很宝贵的，教师在启发引导之前可以请学生思考问题的突破口到底在哪里。

在问题理解中，教师启发学生反思的主要策略是将理解的过程外显。让学生一步一步揭示理解的过程，用准确的步骤和清晰的条理表达出自己的思考过程。

在项目完成的最后阶段，教师可以要求学生完成项目学习的小论文。数学小论文的写作有助于学生梳理自己的数学思考，进行有深度的反思。

可以从不同角度撰写小论文：学生可围绕项目研究中的某一个话题进行撰写；可以将自己通过查阅资料获得的信息放到小论文中；还可以给自己或他人提出一些新的问题。这些小论文最后将放入学生的数学项目学习档案袋。此外，可以组织全班或全年级的学生选出优秀的数学小论文，刊登在学校的数学期刊上。

无论写作的内容如何选择，都要鼓励学生将自己的想法呈现出来，用数学的语言来表达自己对问题的理解，并给他们提供分享的机会。要鼓励学生展开丰富的联想，也许这些思考会启迪他们进行深入的数学研究。如果时间充裕，教师最好对每一篇数学小论文进行点评，至少将典型的优秀数学小论文在全班展示与分享。

第七节　如何实现数学项目学习中的教师专业发展

项目学习中教师的引导尤为重要，在教学中教师要不断地鼓励学生积极思考，动手操作，认真观察，发散思维。数学项目学习的实施不仅需要学生投入项目问题的解决中，还需要教师全方位地认识项目学习，理解项目学习，并从“做项目”的角度出发，用新的视角和新的授课方式去面对数学项目学习的全过程。教师是保证项目学习对学生产生积极影响的关键，因此应向教师提供专业发展的有效支持，使他们有资格在教室里实施项目学习。下面将首先分析教师对项目学习的认识，再从教师反思的角度提供一些建议。

一、教师对项目学习的认识

在刚开始接触项目学习时，教师对项目学习的价值是如何认识的呢？为此对77位中小学教师进行了问卷调查，数据统计如下。

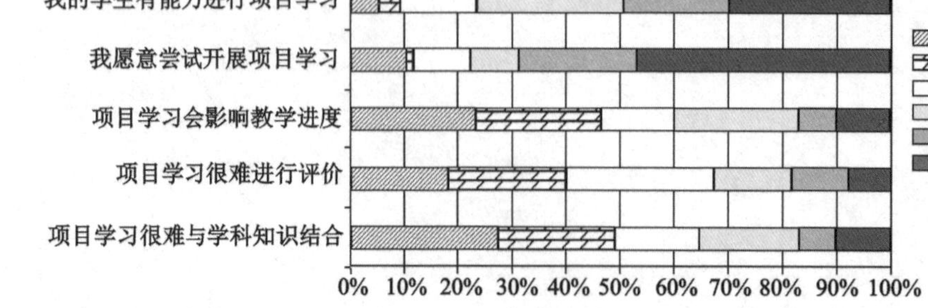

图4-1　教师对项目学习的认识

由上图可知，在大多数教师表示愿意尝试开展项目学习并对自己的学生进行项目学习抱有信心的同时，有超过一半的教师认同指导项目学习对教师有挑战。在项目学习会影响进度、项目学习很难进行评价、项目学习很难与学科知识相结合这三个方面，教师最忧虑的是项目学习很难进行评价。这说明通过现行评价体系和纸笔测试难以获知项目学习的成效。

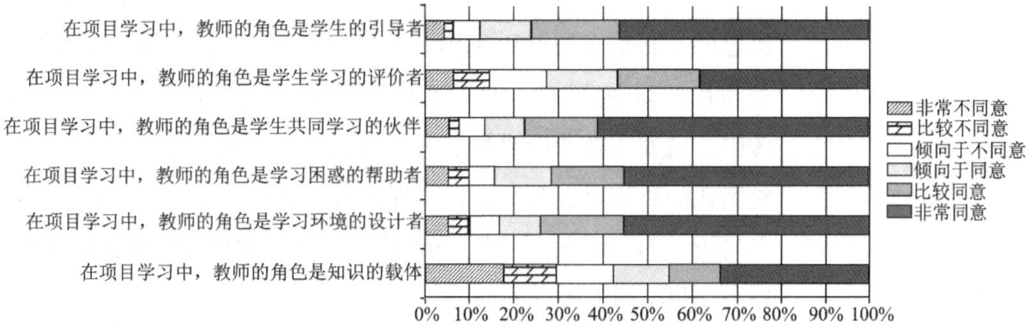

图4-2　教师对项目学习中教师角色的认识

对如上六种项目学习中教师的角色，大家最认同的是教师是学生的引导者和学生共同学习的伙伴，其次是教师是学习环境的设计者和教师是学习困惑的帮助者。教师的评价者角色没有得到教师们的普遍认同。教师是知识的载体是认同度最低的一项。

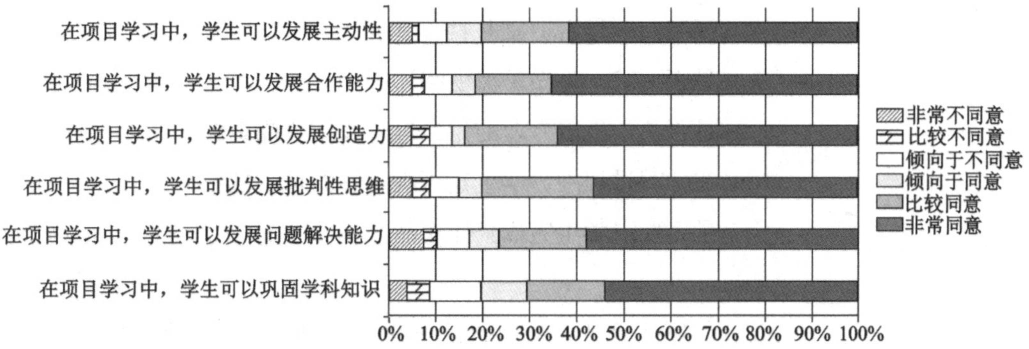

图4-3　教师对项目学习的价值的认识

教师对上述项目学习的价值给予了很高的评价，其中被认为最有价值的是项目学习中学生可以发展创造力，得分最低的是项目学习中学生可以巩固学科知识。这确实是项目学习中常见的顾虑，项目学习虽然能为学科知识的学习提供背景支持和应用实践，但是毕竟掌握数学运算是需要在理解算理的基础上多次演练的，所以在学习进程中也要关注练习与强化。

在数据分析之后，再来看一看教师是如何在项目学习中进行反思的。根据舍恩（D. A. Schon）的划分，反思包括对行动的反思和在行动中反思[①]。对行动的反思发生在课前对教学设计的思考中，也发生在课后对教学实施的思考中；在行动中反思发生于对实践的直接反应与知觉，体现为对教学的调整。在此，我们重点讨论“对行动的反思”，分别研讨教师在项目学习实施前的反思和项目学习实施后的反思。

二、项目学习实施前的反思

在《新世代的创新学习模式：互联网+PBL理论与实施策略》中，作者提出了PBL课程检核表，包含八个重要的检核方面：

探究问题是否适宜并具有意义？

是否要求学生做出深度阅读？

是否让学生以专业的角色进行开放式探索？

在学习过程中，学生是否有足够的自主性？

是否要求学生完成具体作品？

① SCHON D A. The Reflective Practitioner: How Professionals Think in Action [M]. New York: Basic Books，1983.

是否要求学生公开展示作品并邀请相关专业人士观展?

是否有严谨而具体的评估设计?

是否已清楚列出课程进度与流程并公告周知? [1]

美国的项目学习学校网站上也为教师呈现了设计项目学习的脚手架，其中从学习方向、学习目标、学生中心、恰当评价、有效资源、教学反思六个方面提出了要求[2]。

请读者思考

这些要点尚未排序，请勾选出你认为最重要的几项吧!

根据文献中所列要点，我们思考教师该如何改进自己的项目设计，使其更加成功。在实践探索中，我们对这些要点做出了本土化和学科化的改编，形成了下面的项目学习实施前反思要点:

□我设计了贴近学生的项目导语;

□我的项目是开放式的，学生有自主选择权进行灵活的学习;

□我设计的驱动问题可以聚焦于一个具体的领域;

□我可以为学生的数学探索活动提供适宜的资源，包括技术资源;

□驱动问题和子任务可以使学生投入数学学习;

□驱动问题和子任务中包含充实的学习内容;

□我的项目有明确的数学知识学习目标;

□我的项目有明确的任务解决目标;

□驱动问题和子任务有良好的逻辑联系;

---

① 林奇贤. 新世代的创新学习模式：互联网+PBL理论与实施策略[M]. 台北：高等教育文化事业有限公司，2017：42-43.

② 改编自：Scaffolding Instruction in Project Based Learning: Learning Targets for Teachers. [EB/OL].[2018-02-01] http://www.pblschool.com.

□我可以和学生一起学习项目导语；

□我可以确保每个学生都理解了项目导语；

□我可以提供具体而明确的课程进程表；

□我可以组织学生协作完成任务；

□我可以邀请专业人士参与项目学习；

□我可以利用项目管理策略确保学生在探究中有较高的参与度；

□我会鼓励学生发表自己的观点，进行创造性的数学思考；

□我开发了表述清晰的评价量表；

□我设计了检验基础知识学习效果的评价；

□不同的学生可以在我设计的项目中达到不同程度的学习效果；

□在项目启动伊始我会和学生一起学习评价量表；

□我可以对学生如何提取资源中的信息给予有效指导；

□我会向他人寻求对项目学习教学计划的反馈；

□在学生注意力不够集中或难以理解时我可以给出及时的支持；

□我会给学生示范如何运用评价量表来帮助自己学习；

□我会通过各种反馈和教学实践来修改教学计划。

下面是分好类别的反思表，根据你刚才的勾选和思考，看一看哪些方面是你擅长的，哪些方面仍待加强。

表4-1 项目学习实施前反思表

自查范畴	细目	可确认	待加强
1. 为学生提供清晰的驱动问题和子任务	我设计的驱动问题可以聚焦于一个具体的领域； 驱动问题和子任务有良好的逻辑联系； 驱动问题和子任务可以使学生投入数学学习； 驱动问题和子任务中包含充实的学习内容。		
2. 设计明确的学习目标	我的项目有明确的数学知识学习目标； 我的项目有明确的任务解决目标； 不同的学生可以在我设计的项目中达到不同程度的学习效果。		
3. 做优秀的指导者	我设计了贴近学生的项目导语； 我可以和学生一起学习项目导语； 我可以确保每个学生都理解了项目导语； 我可以提供具体而明确的课程进程表； 我可以组织学生协作完成任务。		
4. 在教学中确保以学生为中心	我的项目是开放式的，学生有自主选择权进行灵活的学习； 我可以利用项目管理策略确保学生在探究中有较高的参与度； 在学生注意力不够集中或难以理解时我可以给出及时的支持； 我会鼓励学生发表自己的观点，进行创造性的数学思考。		

（续表）

自查范畴	细目	可确认	待加强
5. 恰当运用评价和反馈	我开发了表述清晰的评价量表； 我设计了检验基础知识学习效果的评价； 在项目启动伊始我会和学生一起学习评价量表； 我会给学生示范如何运用评价量表来帮助自己学习。		
6. 提供有效的资源	我可以为学生的数学探索活动提供适宜的资源，包括技术资源； 我可以对学生如何提取资源中的信息给予有效指导； 我可以邀请专业人士参与项目学习。		
7. 进行教学反思	我会向他人寻求对项目学习教学计划的反馈； 我会通过各种反馈和教学实践来修改教学计划。		

三、项目学习实施后的反思

从上面的自查表可以看出，项目学习与其他教学方式有很多交集，在基本的教学策略上也有相同之处。具体到如何组织课堂教学，激发学生的数学思考，培养学生的学习习惯等，都与日常教学是匹配的。

表中最后提到的内容是教学反思。反思本身是教师的自发行为，也是教师教学中重要的部分，虽然有时我们并不会将反思形成文字，但是反思行为随时发生。

在我们带领数学教师进行项目学习时，也和教师一起做了反思。其中有一个项目通过制作纸模来学习图形的展开与折叠等知识。教师在历时半天的学习中收获颇多，为了能够将他们的感受生动地展现给读者，特意以图片的形式来呈现，希望在阅读之后大家更愿意尝试这样的教学。

对于在项目学习中的收获，教师们这样表达他们的感受：

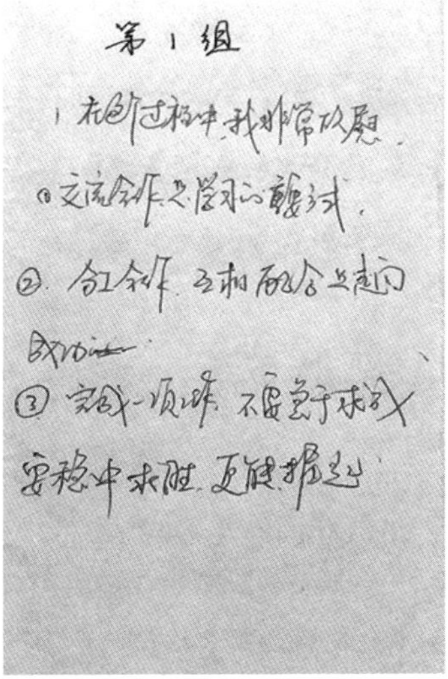
第1组

1 在合作过程中，我非常欣慰

①交流合作是学习的重要方式。

② 分工合作，互相配合共同

成功

③ 完成一项工作，不要急于求成

要稳中求胜，更能提高

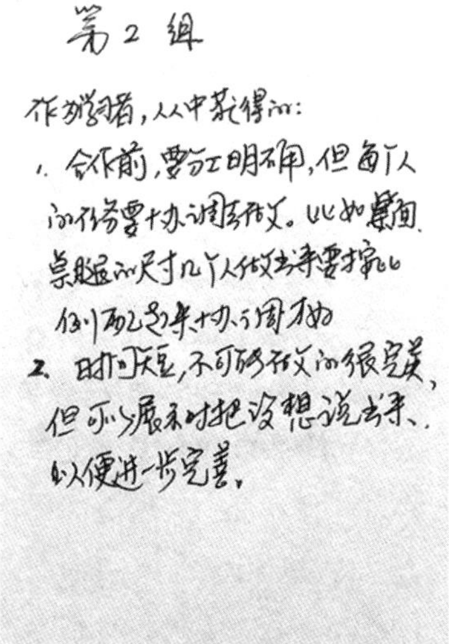
第2组

作为学习者，从中获得的：

1. 合作前，要分工明确，但每个人的任务要协调去做。比如桌面、桌腿的尺寸几个人做出来要相互协调才好

2. 时间短，不可能做的很完美，但可以展示时把设想说出来，以便进一步完善。

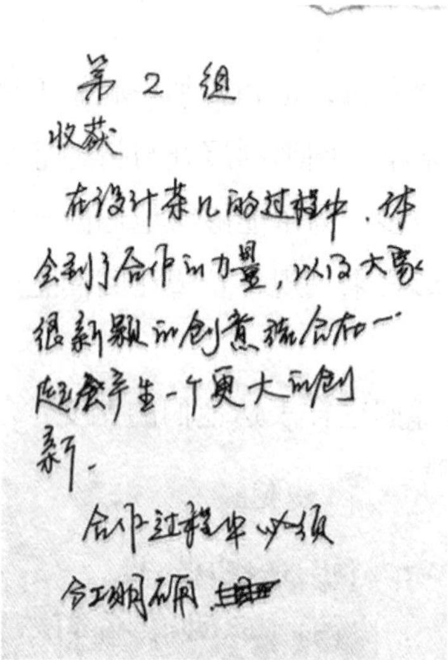
第2组
收获
在设计茶几的过程中，体会到了合作的力量，以及大家很新颖的创意混合在一起会产生一个更大的创新。
合作过程中必须
分工明确，~~互相~~

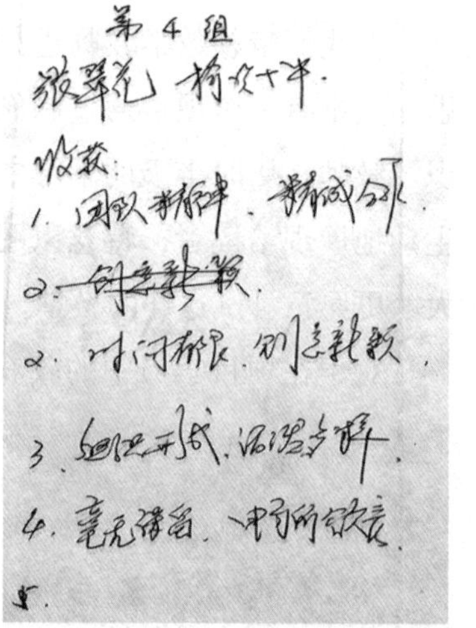
第4组
张翠花 杨文华
收获：
1. 团队精神、集体合作。
~~2. 创意新颖~~。
2. 时间有限，创意新颖。
3. 细心耐心，沟通交流。
4. 意见统一，集思广益。
5.

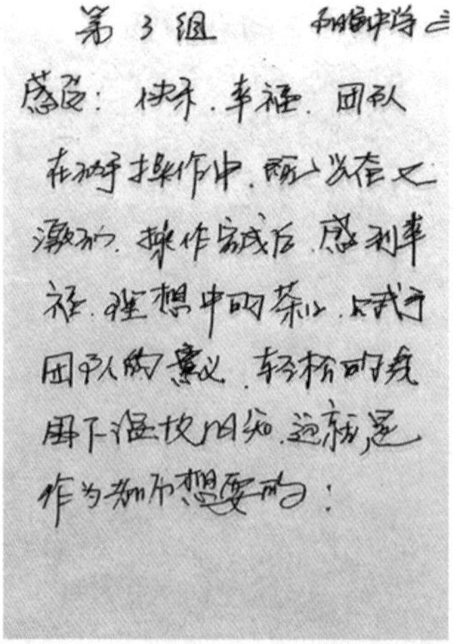
第3组 和谐中学 三
感受：快乐、幸福、团队
在动手操作中，难以发挥之激动。操作完成后，感到幸福，理想中的茶几，正式于团队的意义，轻松的完成了以后的问题，这就是作为我们想要的！

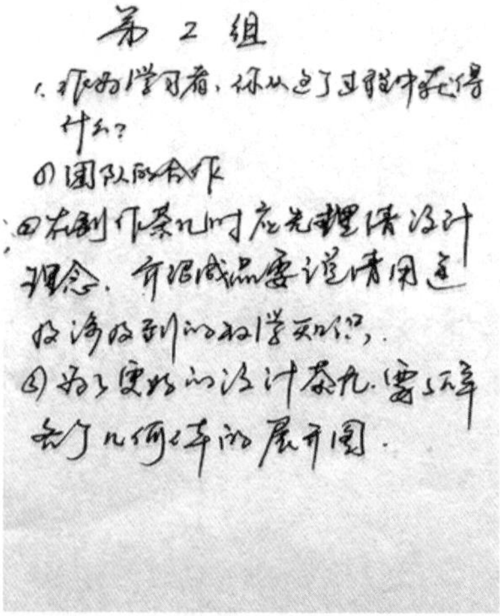
第2组
1. 作为学习者，你从这个过程中获得什么？
① 团队的合作
② 在制作茶几时应先理清设计理念，并把成品要运用到的数学知识。
③ 为了更好的设计茶几，要学会了几何体的展开图。

第7组 明东危轶

收获

1. 完成一了看似简单的物件，但，在操作过程中会遇很多问题. 所以计划很关键. 再一个就是数据的计算.

2. 操作过程中，各个伙伴的创造创能力，以及凝聚力的体现

3. 完成后要总结反思，再改进逐步完善. 互相取长补短

第10组

2. 收获.

① 合作中设计、统筹、分工的重要性.

② 合作意识，互相促进. 有分工又有集思广议.

③ 展示中 语言组织 表达能力.

④ 数学思考，数学素养

⑤ 做完后反思. 向别人学习. 再创作之重要性为延续之学习.

第3组

在日常生活中多观察多思考，才能制作出完美的作品. 并能通过合作尽快地完成作品，有成就感，并能想再进行改进.

第9组

收获：

学习过程中要多一些思考，多一些反思，前后之间的一种联想.

小组在制作茶几的过程中最难的是创意，方案设定之后，是一个方案的实施与分工合作的问题. 在整个制作过程中要分工，要随时交流，不断地调整制作的方向与大小调整等，在不断合作中才可完成茶几的制作.

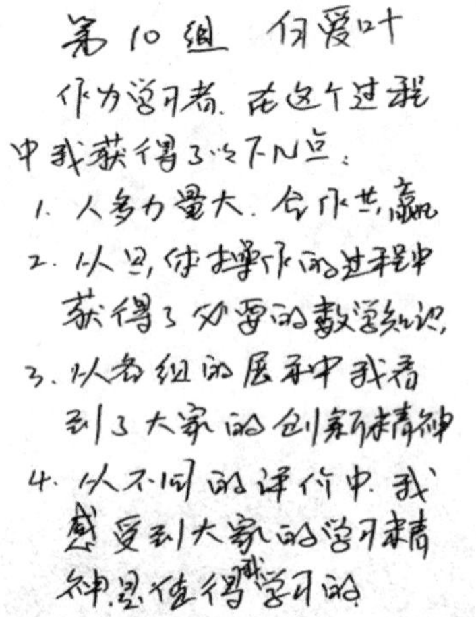

第10组 何爱叶

作为学习者，在这个过程中我获得了以下几点：

1. 人多力量大，合作共赢
2. 从团体去操作的过程中获得了必要的数学知识
3. 从各组的展示中我看到了大家的创新精神
4. 从不同的评价中我感受到大家的学习精神是值得学习的

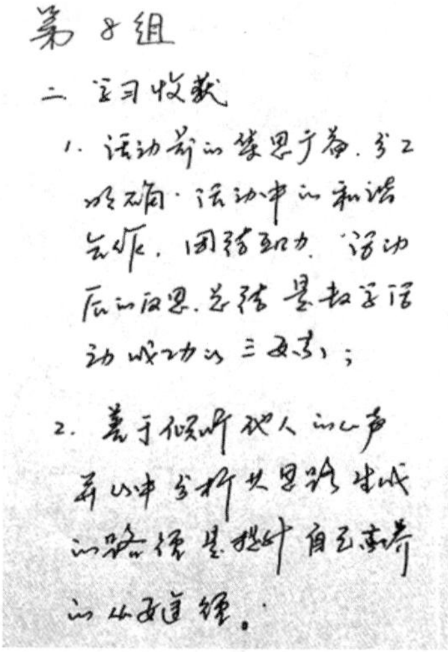

第8组

二、学习收获

1. 活动前的构思方案，分工明确，活动中的和谐合作，团结互助，活动后的反思总结是提高活动成功的三要素；
2. 善于倾听他人的心声并从中分析出思路生成的路径是提升自己素养的必经之路。

此外，有一些教师表示：

“我发现，首先，活动创意要明确。其次，学生分工合作非常重要（质疑：这个过程中的重点知识只有部分学生掌握了）。再次，时间花费比较多（45分钟的时间根本不够）。”

“这个活动中有很多数学图形组合，也有现代文化的创意理念，更有合作的快乐，增进了合作者的友谊，增长每个人的智慧。”

“学习了制作项目成果的方法，学生在小组合作中能够更好地与同伴交流，获得了合作的体验，体会成功的喜悦；制作作品之前要考虑它的用途、特征、所用的数学知识，然后设计制作方案，再分工合作，提高效率。”

“说起来容易，做起来难。作为教师，在教学生知识时，要站在学生的角度，多想一想，多做一做，才能在教学中更有‘发言权’。”

对于如何确保学生在项目学习中有更好的发展，我们来看一看教师们怎么说：

中学 黄志启

如何通过项目学习保证学生的发展？

1. 对时间、小组编排以及学习做到最大的优化。
2. 充分放手让学生自主探索、自主学习，适当的引导，但要学生发挥自身的想象力、学习能力，培养学生创新能力、实践能力。

如何通过教学保障学生发展：

教学中让学生充分自读课本，观察实物，动手展开动手操作。在做中学知识，并会将知识在实际生活中的应用。最终落脚到制作一个创意茶几，从而保障学生发展。

明德中学：闫建栩

如何通过教学保障学生的发展：

答：

①学习方式的转变培养了学生动脑、动手的能力，但教师一定要把控好整个课堂，确定学生养成良好的学习习惯。② 小组内学生的类型要全面，确保小组合作交流有效进行。

教师要从观念上更新，并积极提供学生活动的素材，丰富学生的学习生活，鼓励学生动手活动。

△涉及的知识，而先备部分的掌握，需要由教师自行掌握

张丽娜

3. 项目培训打破了传统的教学模式，学生在兴趣的基础上掌握知识，乐此不疲。由于每节任务的教学任务贯穿的知识点比较多，所以教师在设计课型须费功夫，这也是我们需继续探索的。

孙宇

1. 思想上的改变。抛开旧的、小心翼翼的、捧在手心里的教育思想。大胆放手，并且静静旁观。放手但不失控。
2. 全身心的投入。教师放下把自己融入孩子们中，作为小组长，既可以旁观，也可以及时发现和补充引导学生的大方向。
3. 鼓励学生，展示学生成果。

如何通过教学保障学习？

首先教师要深读教材，认真分析处理教材，结合实学生实际进行创造性使用教材。

其次要合作交流，发挥团体精神，多进行教研，相互学习，相互促进。

最后要操作后多进行反思，不断改进。

邓永萍

1. 项目问题教师应该好好解读，提供给学生阅读的思路，充分保证学生明确任务与所学知识。
2. 教学中关注学生的发展，首先关注学生的需要。各种学习总是在不断满足学生需要的追求中进行着，旧的需要获得满足，新的需要又不断产生。

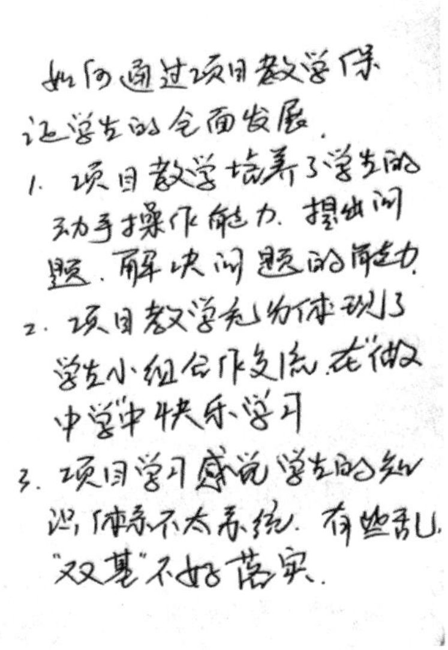

如何通过项目教学促进学生的全面发展.
1. 项目教学培养了学生的动手操作能力、提出问题、解决问题的能力.
2. 项目教学充分体现了学生小组合作交流，在做中学中快乐学习
3. 项目学习感觉学生的知识体系不太系统，有些乱，“双基”不好落实.

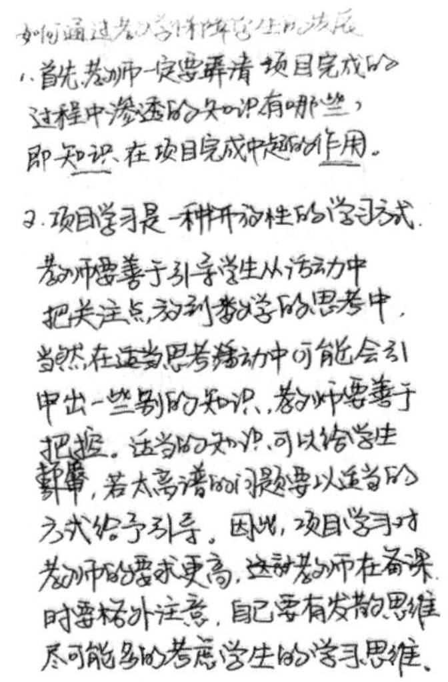

如何通过教学促进学生的发展
1、首先教师一定要弄清项目完成的过程中渗透的知识有哪些，即知识在项目完成中起的作用。
2. 项目学习是一种开放性的学习方式. 教师要善于引导学生从活动中把关注点，转到数学的思考中，当然在适当思考活动中可能会引申出一些别的知识，教师要善于把握。适当的知识，可以给学生帮助，若太高深的问题要以适当的方式给予引导。因此，项目学习对教师的要求更高，这就要教师在备课时要格外注意，自己要有发散的思维，尽可能多的考虑学生的学习思维。

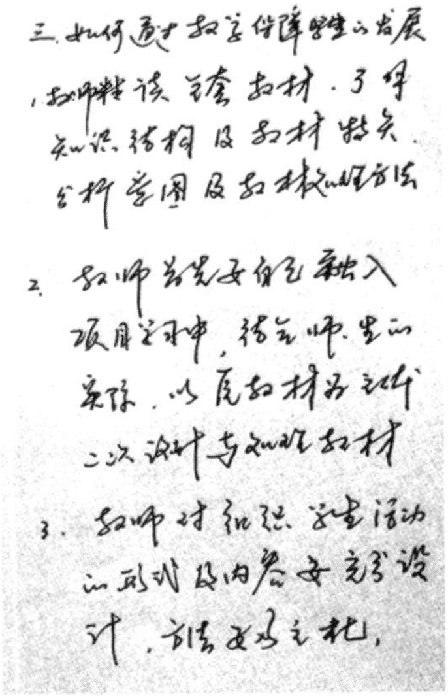

三. 如何通过教学促进学生的发展
1. 教师精读、钻研教材，了解知识结构及教材特点，分析意图及教材的处理方法
2. 教师首先要自己融入项目学习中，结合师生实际，以及教材进行二次设计与处理教材
3. 教师对组织学生活动的形式及内容要充分设计，方法要灵活机动，

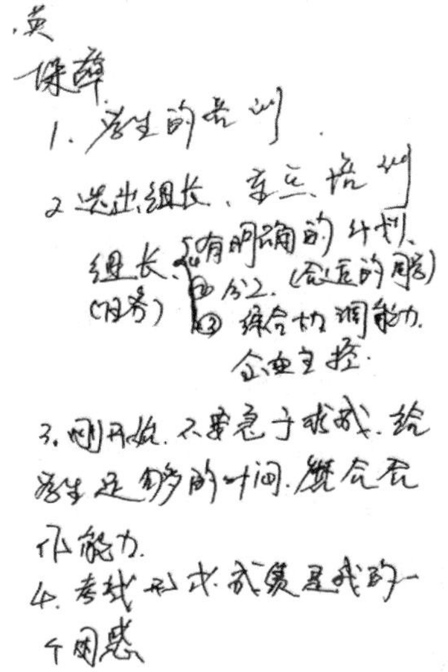

英
课题
1. 学生的培训
2. 选出组长、专业、培训
组长（任务）①有明确的计划 ②分工（合适的用人）③综合协调能力 合曲主控.
3. 时间上，不要急于求成，给学生足够的时间，锻炼合作能力.
4. 考试形式、试题是我的一个困惑

还有一些教师表示：

“可以让学生上网查资料，也可以让学生请教其他人。”

“教师应积极调动学生的积极性，让学生充分动手参与活动；教师应以提问的形式把数学知识贯穿于活动中，寓教于乐。”

“在课堂上要培养学生的个性，使学生将个性发展的主动权牢牢地掌握在自己手中，树立人人平等的思想，营造宽松的课堂氛围，正视学生间的差异。”

“教师一定要弄清项目学习过程中渗透的知识；项目学习是一种开放性的学习方式，教师要善于引导学生在活动中把关注点放到数学上。”

“给学生充足的时间进行自主学习，让学生在做中学。”

“成果的制作和展示需要给出充足的时间；评价制度的建立很重要；知识技能的落实还需辅以相应的训练。”

请读者思考

如果让你运用项目学习进行教学，你会在教学实施之后从哪些方面进行反思呢？

为了能够促进教师更好地运用项目学习手段，下面呈现一位教师教学后的反思表。运用这个反思表可以辅助我们对项目学习的实施进行系统思考。

在最右一列中，教师可以用画星星的方式表示实际教学情况与此表的符合程度，也可以用文字加以解释，或使用自己习惯的方式进行反思记录。

表4–2 项目学习实施反思表

<table>
<tr><td>项目名称</td><td colspan="5"></td></tr>
<tr><td>授课对象</td><td></td><td>时间</td><td></td><td>合作教师</td><td></td></tr>
<tr><td>反思范畴</td><td>细目</td><td colspan="2">表现维度</td><td colspan="2">我的记录</td></tr>
<tr><td>教学设计</td><td>如果当时这样设计了，会……</td><td colspan="2">• 在项目的内容上可以这样设计……
• 在项目的学习形式上可以这样设计……
• 在评价量表上可以这样设计……</td><td colspan="2"></td></tr>
<tr><td rowspan="4">教学实施</td><td>项目目标</td><td colspan="2">• 项目是否激活了学生的数学经验
• 教学目标是否达成</td><td colspan="2"></td></tr>
<tr><td>让我遗憾的地方</td><td colspan="2">• 我在何处直接给出了答案
• 我在何处难以给出指导
• 在何处出现了管理失控
• 在何处出现了无效学习</td><td colspan="2"></td></tr>
<tr><td>让我惊讶的地方</td><td colspan="2">• 学生的数学思考
• 学生的合作交流
• 学生的成果展示</td><td colspan="2"></td></tr>
<tr><td>让我得意的地方</td><td colspan="2">• 我用了这种策略……
• 我这样引导学生……
• 我做了这种调整……</td><td colspan="2"></td></tr>
</table>

（续表）

反思范畴	细目	表现维度	我的记录
学生的表现	学生的学习投入	• 投入的持续性 • 投入的程度 • 投入的专注度	
	学生的学习成效	• 数学知识方面 • 任务解决方面 • 数学素养方面	
	学习的难点与解决方式	• 阅读项目手册 • 理解子任务的逻辑关系 • 理解数学知识 • 运用数学方法 • 制作项目成果	
	学生还有哪些潜力	• 学生提出了哪些问题 • 学生最关心哪些内容 • 学生如何进一步发展这个项目	
我的收获	我对这个项目的认知	• 数学知识方面 • 任务解决方面 • 数学素养方面	
	我对学生学习方式的认识	• 合作方式 • 学生的差异 • 运用技术 • 学习与评价的关系	
	给了学生空间后有何收获	• 通过倾听得到的 • 通过鼓励与激发得到的	
	我对项目学习的认识	•	

第八节 数学项目学习未来的研究问题

回顾了数学项目学习的源与流之后，可展望未来的如下研究方向：

1. 数学项目学习中，学习是怎样发生的

项目学习与其他学习虽然有共性但也有很大差异。在累积学习、同化学习、顺应学习、转换学习等类型上有很多相似之处，但是在项目学习中，学生学习动机的激发、学习共同体的社会化形态、合作学习心理、学生的身份认同、整体性学习特征等方面都有待进行深入系统的研究。

2. 数学项目学习中学生的思考能力如何提升

在数学中常常用到类比思想、最简原则、一般化与特殊化、对称思想、转化、逐步逼近等各种思想方法，在项目学习中学生的思考能力可以得到提升吗？思考要以具体问题为抓手，发生在问题解决之中，但是更需要研究者将内隐的知识提取出来，考察其发展变化。

3. 在数学项目学习中学生如何提出问题

对学生提出问题的能力的研究正在各领域逐步开展，项目学习具有综合性和开放性的特征，这有利于学生进行发散性思考，较强的求知欲也是他们提出问题的动力。在未来的研究中，要关注学生对情境中数学知识的分析以及如何联系数学内涵提出问题。还要对学生思考的机制进行深入研究，对问题提出的多样性、层次性、深度和可行性等展开研究。

4. 数学项目学习如何激发高层次思维

数学教育追求学生对数学思维的深刻理解，项目学习更侧重于在知识应用中理解知识，是否会遏制高层次思维的发展？在项目学习中，学生如何进行复杂认知？是否运用了元认知？如何形成批判性思维？如何进行数学创造？如何形成对学科逻辑的整体认识？这一系列问题尚有待研究。

5. 不同学生在数学项目学习中获得了哪些发展

有研究关注特殊群体学生在项目学习中的收获[①]。该研究发现学困生在项目学习中仍然处于劣势。这项研究有意识地关注了不同种族的学生和不同学业水平的学生，此类研究仍需继续，同时还要考虑到更多的变量，例如不同学习风格的学生、不同学习习惯的学生在项目学习中的发展。

6. 项目学习与终身学习的关系

学生的社会认知在项目学习中得以发展，可以更好地融入未来社会。除此以外，项目学习对人的终身学习还有哪些价值？学生的主动学习能力、自我更新能力、探索能力、优化资源能力、技术利用能力、跨界知识获取能力等是否能够在项目学习中得以发展？需要有追踪性的研究来回应这些问题。

7. 信息社会中数学项目学习有何契机

虽然教育界在大力推进技术对教学的支持，在项目学习等新型的学习方式中技术平台已经得到广泛应用，但是，除了载体的作用，技术对数学项目学习还有哪些作用？随着科学技术的发

---

① HAN S, CAPRARO R, CAPRARO M M. How Science, Technology, Engineering and Mathematics (Stem) Project-Based Learning (PBL) Affects High, Middle and Low Achievers Differently: the Impact of Student Factors on Achievement[J]. International Journal of Science & Mathematics Education, 2015, 13(5): 1089-1113.

展，技术与现实世界的关系越来越紧密。在这种关系中，数学扮演了建立模型的角色，是否可以有效地将信息技术的模型表征特点与数学的模型思想结合起来，从学科内涵的角度使其有效融合有待进一步研究及实践。

8. 如何形成学校、家庭、社会合作的项目学习

项目学习需要家庭教育作为基础，还需要社区支持，形成育人合力。家庭的引导是很重要的，只有家长理解项目学习的理念，支持项目学习的方式，才能给学生开展项目学习提供基础性保障。社会支持在北京等一线城市已经有所体现，但还需进一步考虑形成“家—校—社”整体布局，挖掘家庭教育潜力，整合社会教育资源，才能跟上时代发展的脚步。

9. 如何打造项目式学校

虽然近十余年来以美国为代表的地区兴起了项目式学校，但是其普及性还远远不够。我国一些国际学校在尝试使用项目制课程，还有不少学校也已经开始研究项目学习，这都为打造项目式学校提供了一定的条件。项目式学校的推广需要教育理念、社会观念、家长认同等多方面的发展，还需要不断探索成熟的学校建设制度和课程设置。

10. 数学项目学习如何走入数学课程标准

在数学项目资源开发中要先明确项目的学习目标，项目目标的确定要结合数学课程标准的要求，或者可以说项目的目标就是为了要实现数学课程标准的要求。数学项目学习资源是否适合学生学习，首先要用数学课程标准这把尺子来衡量，项目要求低于数学课程标准会失去数学学习的意义，严重脱离数学课程标准的项目是不合适的。但是，数学课程标准中尚未体现数学项目学习的学习方式，这是我国未来课程改革发展中需要考虑的问题。

后记

HOUJI

项目学习作为一种教学方法，其核心在于通过解决实际问题，通过亲身体验促进学生对知识的深入理解和应用。这种方法不仅整合了学习情境、学习内容、学习方法和学习资源，而且强调了教育与生活的紧密联系。项目学习鼓励学生在实践中学习，促进知行合一，这是其最大的优势。

《中共中央　国务院关于深化教育教学改革全面提高义务教育质量的意见》（2019年）以及教育部最新修订的义务教育、普通高中各学科课程标准都提出了项目学习的理念，如语文强调“学习任务群”，物理提倡“基于项目的学习”，化学鼓励“主题性实践活动和项目式学习活动”等。项目学习与国家课程教学改革的方向高度契合。然而，在实际的教学实践中，项目学习也面临着一些挑战。例如，如何正确理解项目学习的本质，如何与传统教学方法相结合，如何有效实施项目学习，以及如何聚焦核心知识避免表面化、形式化的探究等，这些问题都需要我们在实践中不断探索和解决。

本套“项目学习进行时”丛书从语文、数学、英语、物理、生物学、化学、地理等多个学科的角度出发，将项目学习的理念落实到课堂，转化为可操作的教学实践。我们希望通过这套丛书，为教师提供深入理解项目学习的机会，并在教学内容、实施策略、教学行为、评估等方面提供专业的指导和建议。

课程教学是中小学办学的主阵地、主渠道，课程中的综合与分科、知识化与情境化，教学中的师生关系问题等，一直是各个时期论争与实践的焦点。我们清醒地认识到，项目学习在实施过程中仍然存在许多需要我们关注和思考的问题。本丛书的编写过程，是一次教育理念、学科内容的交流与碰撞，我们感谢所有参与的作者团队，他们从各自学科的角度出发，对项目学习进行了深入的探索和研究，为学科层面转变课程观念、变革课堂教学提供了大量可资借鉴的经验。

“道阻且长，行则将至；行而不辍，未来可期。”我们希望这套丛书能够为读者带来新的视角和启发，也期待读者和同行们能够提出宝贵意见和建议，共同推动项目学习在中国基础教育领域落地生根、枝繁叶茂，促进教育教学的高质量发展。

蔡　可

2024年5月